新工科建设·电气与自动化专业系列教材

自动控制原理与传感器实验教程

黄丽丽　雷腾飞　主　编
邵利军　张顺如　张艳萍　副主编
李　娜　付海燕　主　审

电子工业出版社
Publishing House of Electronics Industry
北京·BEIJING

内 容 简 介

本书讲述了自动控制原理和传感器与检测技术方面的相关实验，不仅介绍了自动控制原理、传感器技术等的基础实验、综合设计实验，还介绍了 MATLAB 及 LabVIEW 软件的使用，以及在"自动控制原理"与"传感器与检测技术"两门课程中的应用。第 1 章重点讲解了 MATLAB 的安装使用；第 2 章为自动控制原理实验，重点讲解了工程工业上的自动控制案例；第 3 章简单介绍了 LabVIEW 的使用；第 4 章为传感器实验。

本书可作为电气工程及其自动化、自动化、机器人等相关专业的实验教程，也可作为教辅材料。

未经许可，不得以任何方式复制或抄袭本书之部分或全部内容。
版权所有，侵权必究。

图书在版编目（CIP）数据

自动控制原理与传感器实验教程 / 黄丽丽，雷腾飞主编. -- 北京：电子工业出版社，2025.4. -- ISBN 978-7-121-50148-7

Ⅰ．TP13；TP212-33

中国国家版本馆 CIP 数据核字第 2025HM1040 号

责任编辑：张天运
印　　刷：河北鑫兆源印刷有限公司
装　　订：河北鑫兆源印刷有限公司
出版发行：电子工业出版社
　　　　　北京市海淀区万寿路 173 信箱　　邮编：100036
开　　本：787×1092　1/16　印张：10.75　字数：275.2 千字
版　　次：2025 年 4 月第 1 版
印　　次：2025 年 4 月第 1 次印刷
定　　价：45.00 元

凡所购买电子工业出版社图书有缺损问题，请向购买书店调换。若书店售缺，请与本社发行部联系，联系及邮购电话：（010）88254888，88258888。

质量投诉请发邮件至 zlts@phei.com.cn，盗版侵权举报请发邮件至 dbqq@phei.com.cn。

本书咨询联系方式：（010）88254172，zhangty@phei.com.cn。

序

  自动化学科在我国拥有极高的地位，是我国科学技术领域的重要组成部分。自 20 世纪 50 年代起，我国政府就高度重视自动化学科的发展和自动化专业人才的培养，70 多年来，自动化科学技术在众多领域发挥了重大作用。自动控制技术和传感器技术在工业、航天、农业、石油化工、生物领域的发展中起到了至关重要的作用。在工业领域，自动控制技术的应用大大提高了生产效率和质量；传感器技术使生产过程中的数据实时采集和分析成为可能，从而帮助企业实现精准管理和优化生产流程。这种智能化的生产方式不仅提高了工业生产的竞争力，也为我国工业的高质量发展提供了有力支撑。在航天领域，自动控制技术和传感器技术同样发挥着重要作用。航天器的自主导航、姿态控制、轨道调整等功能都离不开自动控制技术的支持；传感器技术则用于实时监测航天器的运行状态和环境参数，确保航天器的安全和稳定。

  应用自动控制技术和传感器技术，发展学科，离不开人才。人才是学科发展的核心驱动力。在现代社会中，各种学科的发展都需要有高素质的人才支撑。这些人才具备专业的知识和技能，为学科的研究和进步奠定了坚实的基础。影响人才培养的因素有很多，如教材的编写在培养应用型人才方面具有举足轻重的作用，特别是当考虑到产教融合和引入企业案例时，教材的编写就变得更加关键。在教材编写中，应加强对实践技能的培养。通过编写实验、实训、案例分析等实践性强的内容，让学生在实践中学习和掌握技能，提高他们的职业素养和就业竞争力。

  积极推动产教融合，加强学校与企业之间的合作，引入行业标准和企业规范，使教学内容更加贴近实际工作环境，这种合作模式不仅丰富了教学内容，而且为学生提供了更多的实践机会，有助于他们更好地适应未来的职业环境。

前　言

　　自动控制技术是一种重要的技术手段，可以提高生产效率、降低人力成本并优化系统性能。其主要应用在工厂自动化、设计自动化、实验室自动化、环境监测、电力系统、智能建筑、日常家电设备中。自动控制技术还在电动汽车、航空航天、农业、医疗等领域得到了广泛应用。随着科技的不断发展，自动控制技术将在更多领域发挥重要作用，为人们的生产和生活带来更多的便利和创新。同时，我们也应看到，自动控制技术的应用需要不断适应新的需求和技术挑战，以实现更好的性能和更高的效率。"自动控制原理"和"传感器与检测技术"是工科院校重要的专业基础课，为自动控制技术与检测技术的学习提供了理论支撑。自动化的设备及技术激发了学生巨大的学习兴趣及探索欲。

　　本书包括"自动控制原理"和"传感器与检测技术"两门课的内容，由数值仿真到实物操作，体现了虚实结合、理实一体化教学，并且深化思政教育，紧跟时代步伐，将社会热点、科技发展等时代元素融入教学中。这有助于学生更好地理解和把握时代脉搏，增强他们的社会责任感和使命感。本书第 1 章简单介绍了 MATLAB 的安装、基本指令及在自动控制原理中的应用。第 2 章首先介绍了"自动控制原理"这门课的教学目标及融入的思政元素，然后每个实验针对相关知识点给出对应的思政元素，第 2 章分为两部分，一是基础实验，二是综合设计实验，使理论得到验证，并能通过解决实际问题，提高学生的职业素养和解决实际问题的能力。第 3 章简单介绍了 LabVIEW 的安装和应用。第 4 章首先介绍了"传感器与检测技术"这门课的教学目标及思政元素，然后分别介绍基础实验和综合设计实验两部分内容。每个实验都包括实验目的、实验原理、实验设备、实验内容、实验报告要求。书中各部分内容具有一定的连贯性，保证了基础能力与综合能力的阶梯进展，便于学生较好地掌握基础知识，提高高阶认知能力。

　　本书可作为自动化类、人工智能、机器人等相关专业的学生进行自动控制原理及传感器与检测技术学习的教辅资料，也可作为电气工程及其自动化、智能制造等专业的学生的参考教材。

　　本书由黄丽丽、雷腾飞担任主编，邵利军、张顺如、张艳萍担任副主编，李娜、付海燕担任主审并对全书进行了仔细的审阅并提出了宝贵的意见，同时，山东大汉科技股份有限公司、山东力诺瑞特新能源有限公司对本书提供了案例支持。在此，向对本书的出版给予支持和帮助的每个人表示衷心的感谢。

　　由于编者水平有限，书中疏漏与不足之处在所难免，恳请专家和广大读者指正。

编者
2024 年 8 月

目　　录

第1章　MATLAB 仿真 ... 1
1.1　MATLAB 安装 ... 1
1.2　MATLAB 运行环境 ... 7
1.3　Simulink 应用 ... 9
1.3.1　Simulink 设计步骤 ... 10
1.3.2　基本作图函数 ... 13
1.3.3　MATLAB 在自动控制原理中的应用 ... 15

第2章　自动控制原理实验 ... 21
2.1　教学目标 ... 21
2.1.1　知识目标 ... 21
2.1.2　能力目标 ... 21
2.1.3　素质目标 ... 21
2.2　思政路线 ... 22
2.3　基础实验 ... 22
2.3.1　实验一　典型环节的电路模拟 ... 23
2.3.2　实验二　二阶系统的瞬态响应 ... 46
2.3.3　实验三　线性系统的稳定性分析 ... 54
2.3.4　实验四　线性系统的稳态误差 ... 61
2.3.5　实验五　典型环节的频率特性的测试 ... 68
2.3.6　实验六　系统校正 ... 80
2.4　综合设计实验 ... 90
2.4.1　实验一　直流电机转速控制设计 ... 90
2.4.2　实验二　直线一级倒立摆 PID 控制系统设计 ... 97
2.4.3　实验三　双容水箱串级控制实验 ... 101
2.4.4　实验四　二阶系统振荡电路的分析及应用 ... 105

第3章　虚拟仪器使用 ... 114
3.1　LabVIEW 安装 ... 114
3.2　LabVIEW 程序开发环境 ... 118
3.3　LabVIEW 在传感器中的应用 ... 120

第4章　传感器实验 ... 121
4.1　教学目标 ... 121
4.1.1　知识目标 ... 121
4.1.2　能力目标 ... 121

  4.1.3　素质目标 …………………………………………………………………… 121
4.2　思政案例 ……………………………………………………………………………… 122
4.3　基础实验 ……………………………………………………………………………… 125
  4.3.1　实验一　金属箔式应变片单臂电桥性能实验 ……………………………… 125
  4.3.2　实验二　金属箔式电阻应变片全桥性能实验 ……………………………… 132
  4.3.3　实验三　差动变压器式传感器测位移实验 ………………………………… 134
  4.3.4　实验四　电容式传感器的位移特性实验 …………………………………… 138
  4.3.5　实验五　霍尔测速实验 ……………………………………………………… 142
  4.3.6　实验六　电涡流传感器的应用——振动测量实验 ………………………… 145
  4.3.7　实验七　光电转速传感器的转速测量实验 ………………………………… 148
  4.3.8　实验八　Pt100 热电阻测温特性实验 ……………………………………… 149
4.4　综合设计实验 ………………………………………………………………………… 152
  4.4.1　实验一　传感器的应用——电子秤设计实验 ……………………………… 152
  4.4.2　实验二　物体湿度计的设计 ………………………………………………… 153
  4.4.3　实验三　智能温度控制系统的设计 ………………………………………… 154
  4.4.4　实验四　智能转速控制系统的设计 ………………………………………… 156
  4.4.5　实验五　虚拟温度计的设计 ………………………………………………… 157

参考文献 ……………………………………………………………………………………… 163

第 1 章　MATLAB 仿真

MATLAB 是一种可视化仿真工具，它提供了一个集成环境，用于动态系统的建模、仿真和综合分析。这种仿真工具特别适用于线性系统、非线性系统、数字控制系统及数字信号处理系统的建模和仿真。

Simulink 是 MATLAB 的一个附加组件，它的特点在于模块化操作和易学易用。用户无须编写大量程序，只需通过简单直观的鼠标操作，就可以构造出复杂的系统。Simulink 的模块库包括基本模块和各种应用工具箱，每个模块对应不同的功能，使用户能够方便地进行系统建模和仿真。

在 Simulink 环境中，用户可以观察现实世界中非线性因素和各种随机因素对系统行为的影响，并可以在仿真进程中改变感兴趣的参数，实时观察系统行为的变化。这种灵活性使 MATLAB 成为控制工程界的通用软件，并且在通信、信号处理、电力、金融、生物系统等许多其他领域也得到了重要应用。

总的来说，MATLAB 是一种功能强大、灵活易用的工具，它为用户提供了一个直观、高效的平台，用于分析和设计各种动态系统。无论是在学术研究中还是在实际工程中，MATLAB 仿真都发挥着重要作用。

1.1　MATLAB 安装

（1）下载 MATLAB 2021b 安装文件。

（2）解压安装文件，安装文件为 iso 格式，但是不能通过虚拟光驱安装，需要将 iso 文件用解压软件解压，如图 1-1 所示。

（3）从该虚拟磁盘运行 setup.exe，单击【MATLAB】按钮，进行安装。

（4）在【高级选项】下拉列表中选择【我有文件安装密钥】选项，如图 1-2 所示。

（5）单击【下一步】按钮，在【是否接受许可协议的条款？】选区单击【是】单选按钮，如图 1-3 所示。

图 1-1　安装图（1）

图 1-2　安装图（2）

第 1 章　MATLAB 仿真

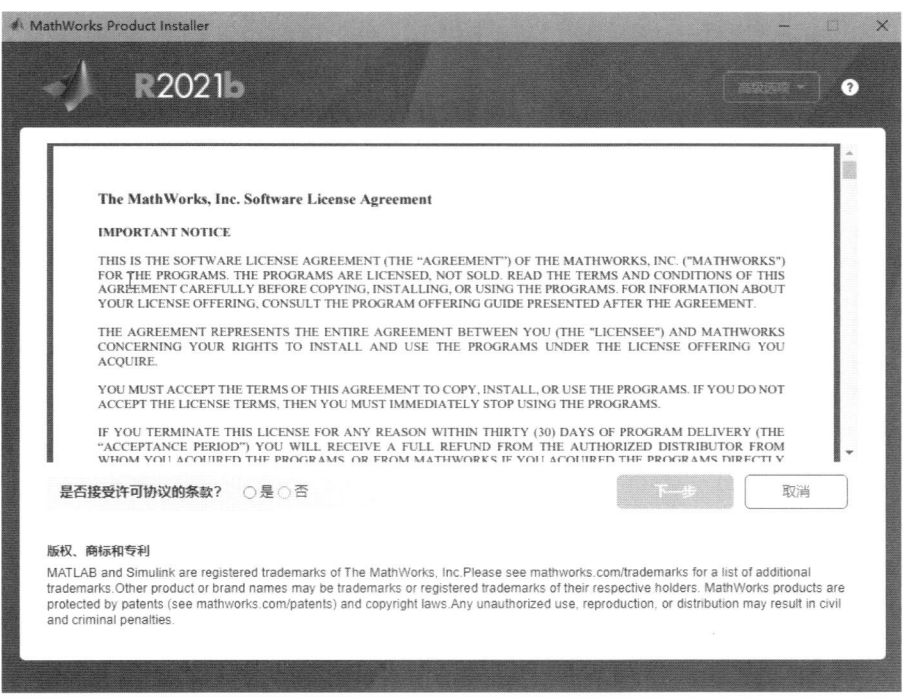

图 1-3　安装图（3）

（6）单击【下一步】按钮，输入文件安装密钥，如图 1-4 所示。

图 1-4　安装图（4）

（7）单击【下一步】按钮，在【选择许可证文件】选区，单击【浏览】按钮，从带有 Matlab911R2021b_Win64.iso 文件的文件夹中选择文件"license.lic"，如图 1-5 所示。

图 1-5　安装图（5）

（8）选择要安装的目录，安装在"D:\Program Files\MATLAB\R2021b"中，如图 1-6 所示。

图 1-6　安装图（6）

（9）选择需要安装的产品，建议全选，也可根据自己的需要选择，选择之后单击【下一步】按钮，如图 1-7 所示。

图 1-7　安装图（7）

（10）之后进入【选择选项】界面，下面的两个选项都选择，单击【下一步】按钮，如图 1-8 所示。

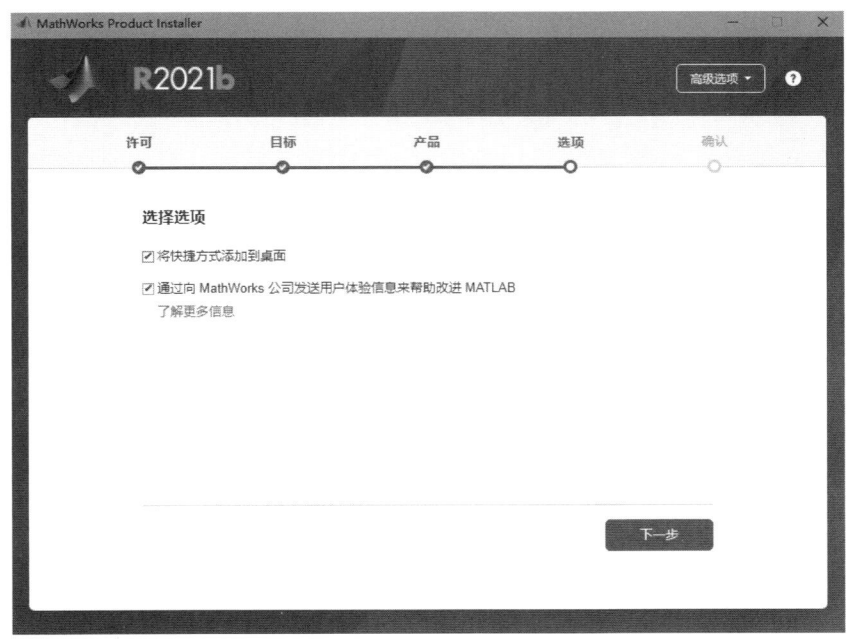

图 1-8　安装图（8）

（11）进入【确认选择】界面，单击【开始安装】按钮，如图1-9所示。

图1-9　安装图（9）

（12）进入安装界面，有进度条显示安装进度，如图1-10所示，安装过程需要较长时间。

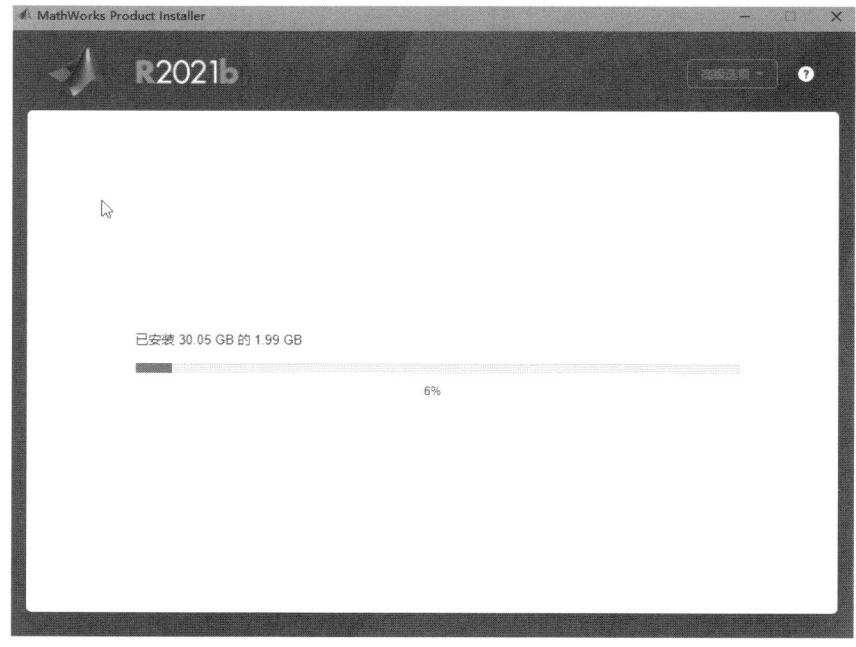

图1-10　安装图（10）

（13）安装完成后从文件夹中复制文件"libmwlmgrimpl.dll"和"Matlab911R 2021b_Win64.iso"到 ALREADY EXISTING FOLDER。"<matlabfolder>\bin\win64\matlab_startup_plugins\lmgrimpl"覆盖现有文件（<matlabfolder>是您在步骤（4）中选择安装 MATLAB 的位置），如果没有覆盖，MATLAB 没有成功安装，如图 1-11 所示。

图 1-11　安装图（11）

（14）之后打开"D:\Program Files\MATLAB\R2021b\bin\win64"文件，将复制的 dll 文件粘贴在这个文件夹中，系统会提示复制文件，所有文件都选择复制和替换即可，如图 1-12 所示。

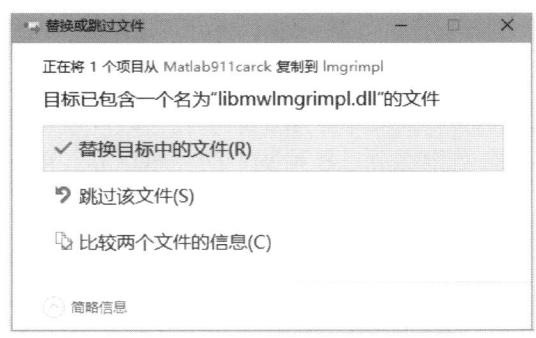

图 1-12　安装图（12）

1.2　MATLAB 运行环境

（1）操作系统：MATLAB 可以在多种操作系统上运行，包括 Windows 和 Linux 等。用户需要根据自己的计算机配置选择合适的操作系统版本。

（2）硬件要求：MATLAB 对硬件的要求相对较高，需要一定的处理器速度、内存和磁盘空间。此外，对于图形处理和大规模计算等任务，可能需要更高性能的显卡和更大的内存。

（3）MATLAB 软件：用户需要安装 MATLAB 软件及相应的工具箱和附加组件。这些软件和组件可以从 MathWorks 官网下载并安装。

（4）编程环境：MATLAB 提供了一个集成开发环境（IDE），包括编辑器、调试器、变量浏览器等工具，方便用户进行编程和调试。

（5）文档和帮助：MATLAB 提供了丰富的文档和在线帮助资源，包括用户手册、教程、示例代码等，帮助用户更好地理解和使用 MATLAB。

MATLAB 命令行窗口如图 1-13 所示。

图 1-13　MATLAB 命令行窗口

MATLAB（Matrix Laboratory）是一个用于数值计算的高级编程语言和交互式环境。在 MATLAB 中，可以执行各种数学运算，包括基本的算术运算、矩阵运算、微积分、线性代数、统计分析、信号处理、图像处理等。

以下是一些 MATLAB 运算的基本示例。

1. 基本的算术运算

```
% 加法
a = 1;
b = 2;
c = a + b; % c = 3
% 减法
d = a - b; % d = -1
% 乘法
e = a * b; % e = 2
% 除法
f = b / a; % f = 2
% 幂运算
g = a^b; % g = 1^2 = 1
```

2. 矩阵运算

```
% 矩阵创建
A = [1, 2; 3, 4];
B = [5, 6; 7, 8];
% 矩阵加法
C = A + B; % C = [6, 8; 10, 12]
% 矩阵减法
D = A - B; % D = [-4, -4; -4, -4]
% 矩阵乘法
```

```
E = A * B; % E = [19, 22; 43, 50]
% 矩阵转置
F = A'; % F = [1, 3; 2, 4]
% 矩阵逆
G = inv(A); % G = [-2, 1; 1.5, -0.5] 假设 A 是可逆的
% 矩阵行列式
detA = det(A); % detA = -2
```

3. 微积分

```
% 符号计算
syms x
y = x^2;
% 求导
diffY = diff(y, x); % diffY = 2*x
% 积分
intY = int(y, x); % intY = x^3/3
```

4. 线性代数

```
% 特征值
eigenvalues = eig(A); % eigenvalues = 特征值的向量
% 逆矩阵
inverseA = inv(A); % 假设 A 是可逆的
% 矩阵分解，如 LU 分解
[L, U, P] = lu(A);
```

5. 统计分析

```
% 随机数生成
randomNumbers = rand(1, 5); % 生成一个包含 5 个随机数的行向量
% 均值
meanValue = mean(randomNumbers);
% 标准差
stddev = std(randomNumbers);
```

在 MATLAB 中，还可以创建函数、编写脚本、使用图形用户界面（GUI）和与其他编程语言接口等。此外，MATLAB 还提供了大量的工具箱，如 Simulink、Statistics and Machine Learning Toolbox、Image Processing Toolbox 等，为特定领域的应用提供了丰富的函数和工具。

1.3 Simulink 应用

Simulink 是 MATLAB 的一个附加组件，它提供了一个图形化的环境，用于对动态系统进行建模、仿真和分析。Simulink 广泛应用于各种领域，包括但不限于汽车、航空、工业自动化、信号处理、通信、电子、机械、热力学等。

以下是 Simulink 的一些主要应用领域和示例。

1）控制系统

Simulink 在控制系统设计和分析方面非常有用。通过 Simulink，可以设计线性控制系统、非线性控制系统、自适应控制系统等，并进行系统稳定性分析、性能优化和控制器设计等。

2）信号处理

Simulink 提供了丰富的信号处理库，可以用于信号滤波、变换、调制和解调等。例如，可以使用 Simulink 设计一个数字滤波器，对输入信号进行滤波处理，以提取感兴趣的信息或降低噪声干扰。

3）通信系统

Simulink 在通信系统设计和仿真方面发挥着重要作用。可以使用 Simulink 构建通信系统的各个组成部分，如调制器、解调器、编码器、解码器等，并进行系统级仿真，以评估系统性能、优化系统参数和验证系统的可靠性。

4）电力系统

Simulink 可以用于电力系统的建模和仿真。例如，可以构建电力系统模型，包括发电机、变压器、输电线路等，并进行系统稳定性分析、故障仿真和电能质量评估等。

5）嵌入式系统设计

Simulink 支持嵌入式系统的设计和仿真。通过 Simulink，可以设计嵌入式系统的硬件和软件架构，并进行系统级仿真和验证。此外，Simulink 还支持与嵌入式硬件的实时接口接入和代码生成，方便将模型部署到实际硬件上。

6）其他领域

除上述领域外，Simulink 还可以应用于其他许多领域，如生物医学工程、航空航天、机器人技术等。只要有动态系统的建模和仿真需求，Simulink 就可以提供强大的支持。

综上所述，Simulink 为用户提供了高效、灵活和直观的工具，帮助用户更好地理解和设计动态系统。

1.3.1　Simulink 设计步骤

（1）运行 MATLAB 软件，单击【主页】按钮，找到【Simulink】按钮，如图 1-14 所示。

图 1-14　【Simulink】按钮

（2）执行【File】→【New】→【Model】菜单命令，新建一个 Simulink 仿真环境常规模板，如图 1-15 所示。

第 1 章 MATLAB 仿真

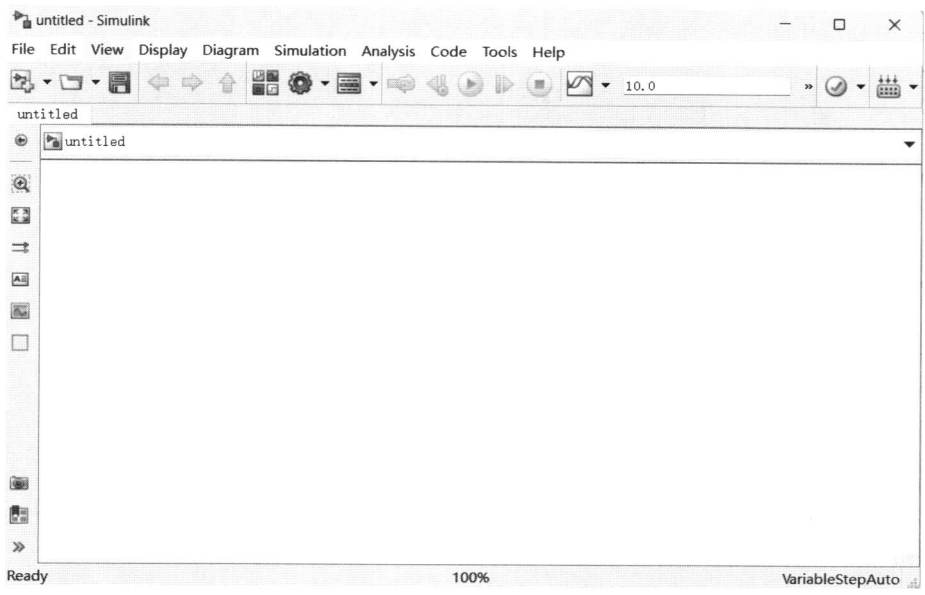

图 1-15 Simulink 仿真环境

（3）单击 Slimulink Library Browser 图标按钮，打开【Slimulink Library Browser】界面，如图 1-16 所示。

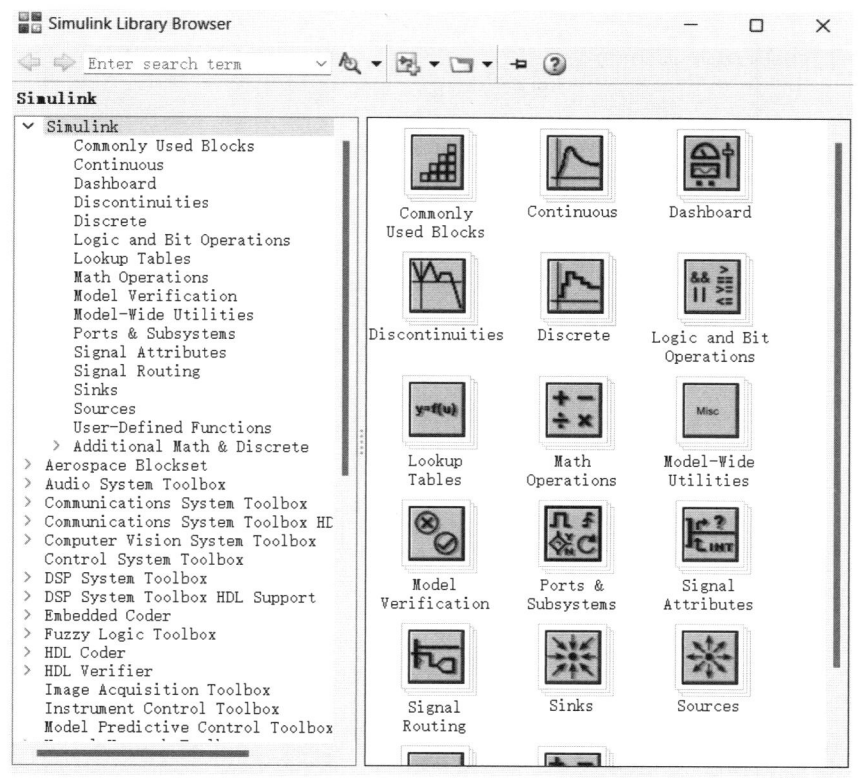

图 1-16 仿真界面

（4）在 Simulink 仿真环境下，创建所需要的系统。

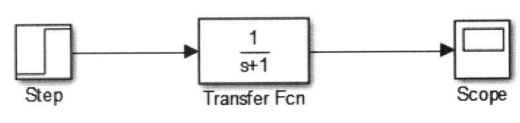

图 1-17　系统方框图

以图 1-17 所示的系统为例，说明基本设计步骤。

① 进入线性系统模块库，构建传递函数。选择【Simulink】列表中的【Continuous】选项，再将右边窗口中【Transfer Fcn】图标拖曳至新建的【untitled】窗口。

② 改变模块参数。在 Simulink 仿真环境【untitled】窗口中双击该图标，即可改变传递函数。其中方括号内的数字分别为传递函数的分子、分母各次幂由高到低的系数，数字之间用空格隔开。设置完成后，单击【OK】按钮，即可完成该模块的设置。

③ 建立其他传递函数模块。按照上述方法，在不同的 Simulink 的模块库中，建立系统所需的传递函数模块。例如，比例环节用【Math】右边窗口中的【Gain】图标。

④ 选取阶跃信号输入函数。选择【Simulink】列表中的【Sources】选项，将右边窗口中【Step】图标拖曳至新建的【untitled】窗口，形成一个阶跃函数输入模块。

⑤ 选择输出方式。选择【Simulink】列表中的【Sinks】选项，进入输出方式模块库，通常选用【Scope】示波器图标，将其拖曳至新建的【untitled】窗口。

⑥ 如果有反馈，如图 1-18 所示，选择反馈形式。为了形成闭环反馈系统，需选择【Math Operations】模块库右边窗口的【Sum】图标，双击将其设置为需要的反馈形式（改变正负号）。

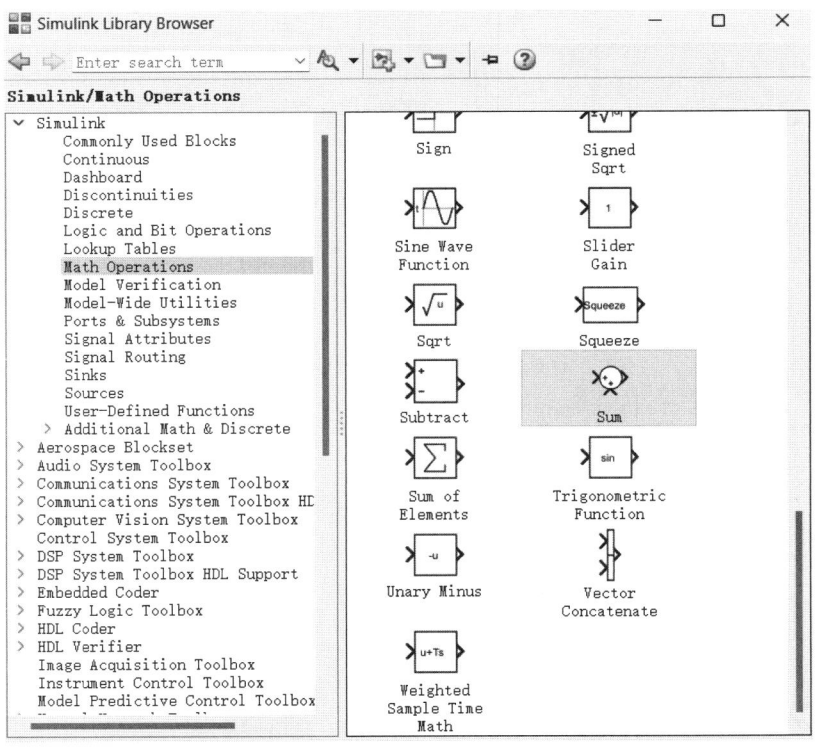

图 1-18　选择反馈形式

⑦ 连接各元件，用鼠标画线，构成闭环传递函数。

⑧ 运行并观察响应曲线。单击工具栏中的按钮 ▶，便能自动运行仿真环境下的系统方框图模型（见图 1-19）。运行完之后双击【Scope】元件，即可看到响应曲线，如图 1-20 所示。

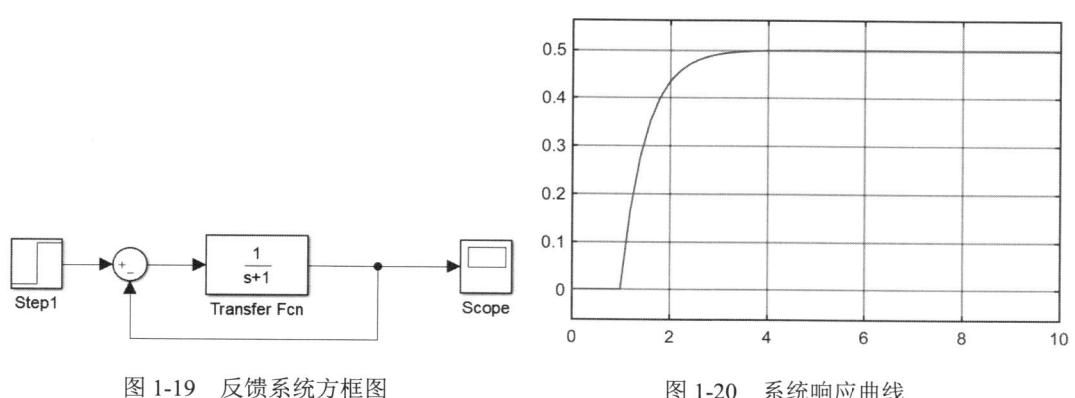

图 1-19　反馈系统方框图　　　　　　图 1-20　系统响应曲线

1.3.2　基本作图函数

自动控制原理的 MATLAB 仿真实验常用的函数及信号包括 Math Operations、Signal Routing、Continuous、Sources 等，如图 1-21 所示。

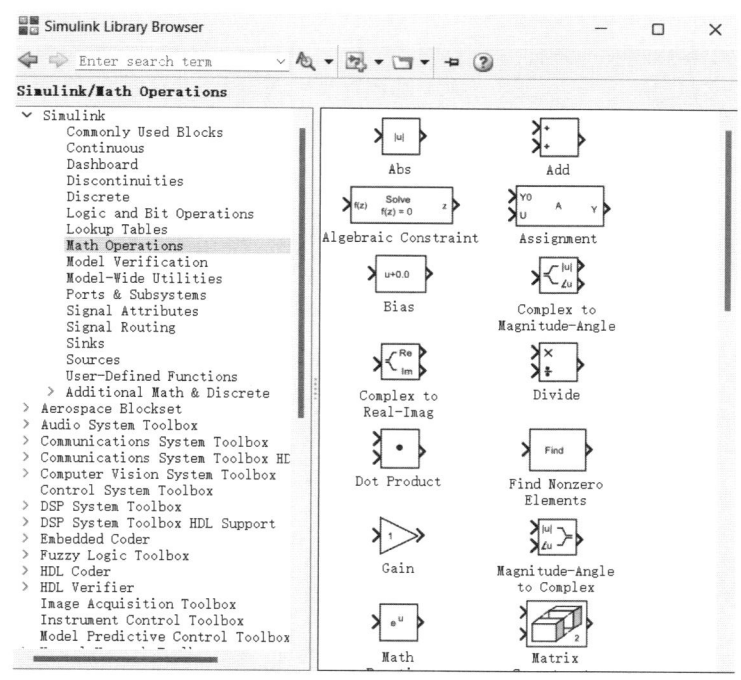

（a）Math Operations

图 1-21　基本函数

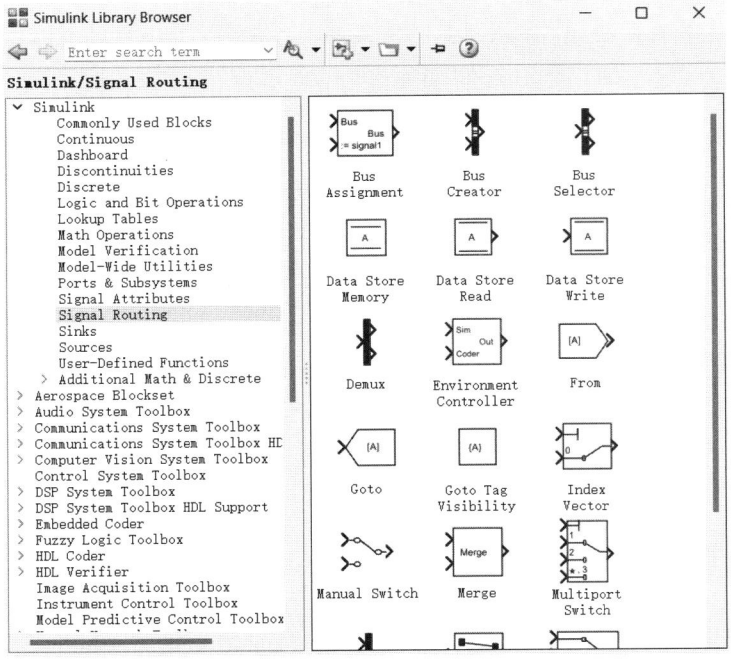

（b）Signal Routing

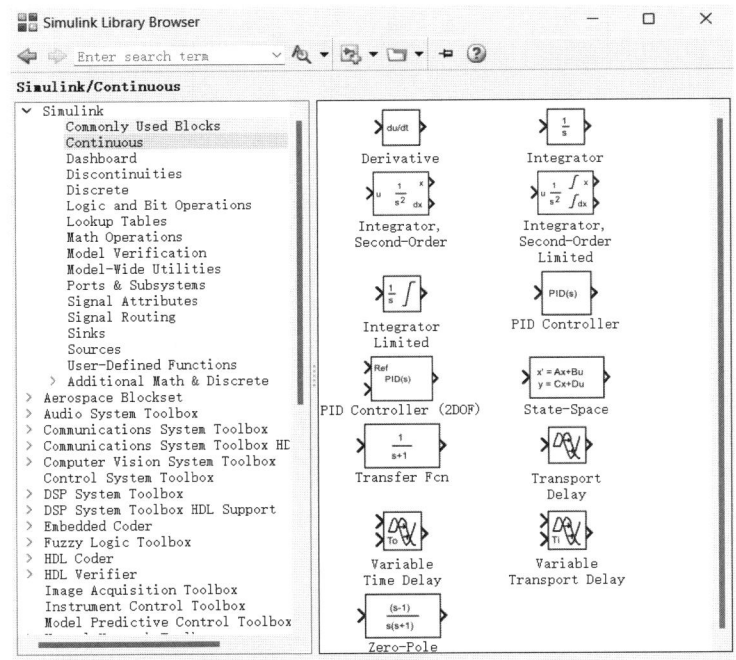

（c）Continuous

图 1-21　基本函数（续）

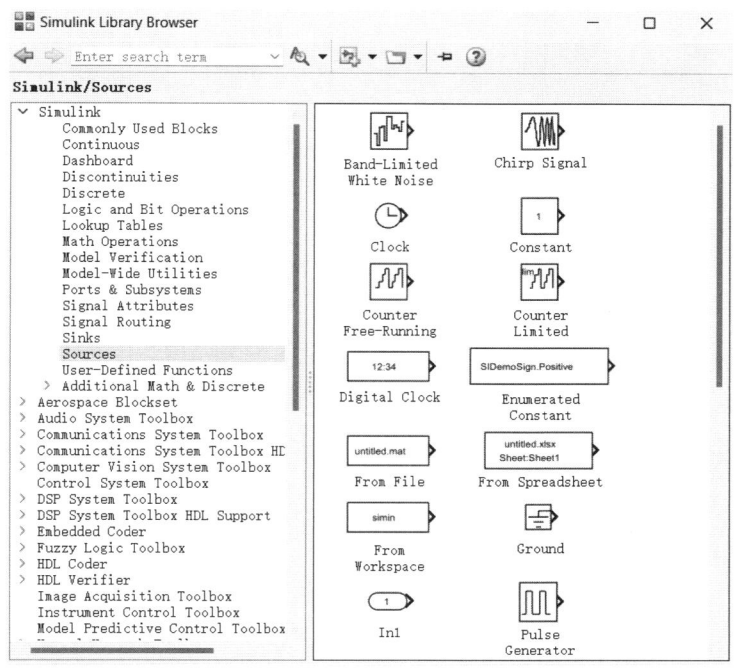

（d）Sources

图 1-21　基本函数（续）

1.3.3　MATLAB 在自动控制原理中的应用

1. MATLAB 中数学模型的表示

1）多项式

在零初始条件下，系统输出量的拉普拉斯变换与系统输入量的拉普拉斯变换之比，即传递函数的定义。传递函数为多项式之比，在 MATLAB 中多项式用行向量表示，行向量元素为依次降幂排列的多项式系数，例如：

$$P(s) = s^4 + s^3 + s + 5$$

输入如下 MATLAB 命令。

```
P=[1 1 0 1 5]
```

注意：尽管 s^2 项的系数为 0，但输入 $P(s)$ 时不可空缺，应写入 0。

如果是多项式乘法，处理函数的调用格式为

```
C=conv(A,B)
```

输入如下 MATLAB 命令。

```
A=[2,3];
B=[1,5,6];
C=conv(A,B)
```

运行结果如下。

```
C= 2  13  27  18
```

设多项式为 $P(s) = 2s^3 + 13s^2 + 27s + 18$。多项式求根函数为 roots(q)，输入如下 MATLAB 命令，其中 P 为多项式的系数向量。

```
P=[3,4,6,8];
q=polyder(P);
roots(q)%求根
```

运行结果如下。

```
ans=-0.4444±0.6849i
```

2）利用 MATLAB 构建传递函数

```
%% 方法一
G_s = tf([1 1],[1 5 6]);
%% 方法二
s = tf('s');
G_s₁ = (s+1)/(s^2+5*s+6);
G_s = s+1/s^2+5*s+6;
```

2. 用 MATLAB 进行系统时域分析

1）阶跃信号响应

当输入为单位阶跃信号时，系统的输出为单位阶跃响应，在 MATLAB 中可用 step() 函数实现，其调用格式为

```
[y,x,t]=step(num,den,t)
```

例：求系统传递函数为 $G(s) = \dfrac{1}{s^2 + 2s + 1}$ 的单位阶跃响应。

解：输入如下 MATLAB 命令。

```
%L.m
num = [1];
den = [1,2,1];
t = [0:0.1:10];
[y,x,t] = step[num,den,t];
plot(t,y);
grid;
xlabel('t');
ylabel('y');
title('单位阶跃响应')
```

其响应结果如图 1-22 所示。

2）稳定性分析

在 MATLAB 中，可以利用 tf2zp() 函数将系统的传递函数形式变换为零点、极点增益形式，利用 zp2tf() 函数将系统零点、极点形式变换为传递函数形式，还可以利用 pzmap() 函数绘制连续系统的零点、极点图，在 MATLAB 中的调用格式分别为

```
[z,p,k]=tf2zp(num,den)
(num,den)=zp2tf(z,p,k)
pzmap(num,den)
```

其中，z 为系统的零点，p 为系统的极点，k 为系统的增益。

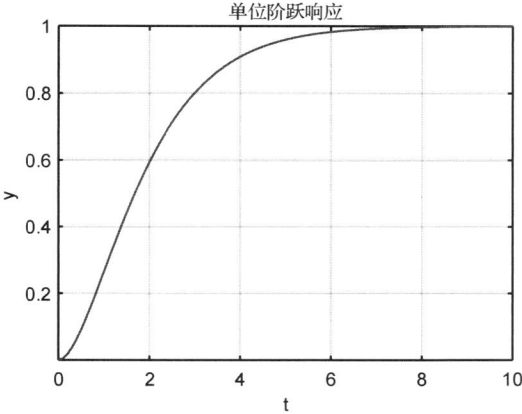

图 1-22 单位阶跃响应

例：连续系统的 $G(s)=\dfrac{s^2+2s+1}{s^3+4s^2+s+1}$，求系统的零点、极点及增益，并绘制其零点、极点图。

解：输入如下 MATLAB 命令。

```
%L.m
num = [3,2,3,4,7];
den = [1,3,3,2,5,2];
[z,p,k]=tf2zp(num,den);
pzmap(num,den);
title('零极点图');
```

运行结果如图 1-23 所示。

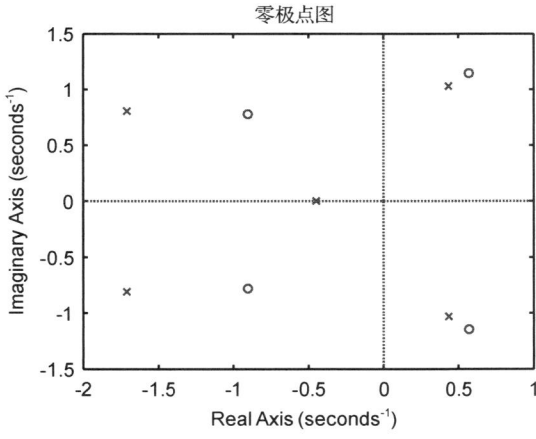

图 1-23 运行结果

3. 用 MATLAB 进行根轨迹分析

在 MATLAB 中，可以使用 nyquist()函数绘制给定线性系统的秦氏曲线，其调用格式为

```
nyquist (num, den)
[re, im, w] = nyquist (num, den)
[re, im, w] = nyquist (num, den, w)
```

nyquist()函数可以计算连续时间系统的 Nyquist 曲线。当输出变量缺省时。nyquist()函数在当前图形窗口中直接绘制出系统的 Nyquist 曲线。当命令中包含了左端变量时，nyquist()函数将系统的频率响应表示成 re、im 和 w 三个矩阵，在屏幕上不产生图形。矩阵 re 和 im 包含系统的频率特性的实部和虚部，它们都是在矢量 w 中指定的频率点上计算得到的。应当指出，矩阵 re 和 im 包含的列数与输出量的数目相同，而 w 中的每一个元素与 re 和 im 中的一行相对应。

例：试绘制当 $T=1s$ 时，惯性环节的 Nyquist 曲线。

解：输入如下 MATLAB 命令。

```
%L.m
num=2;
den = [1 1];
s = tf(num,den);
nyquist(s)
```

运行结果如图 1-24 所示。

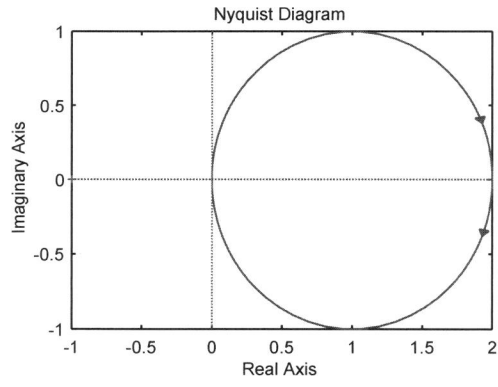

图 1-24　Nyquist 曲线

1）绘制系统零极点图的函数 pzmap()

函数的调用格式为

```
[p,z]=pzmap(sys)
pzmap(p,z)
```

输入变量 sys 是 LTI（线性时不变）对象。当不带输出变量引用时，pzmap()函数可在当前图形窗口中绘出系统的零点、极点图。在图中，极点用"×"表示，零点用"○"表示。当带有输出变量引用函数时，可返回系统零点、极点位置的数据，而不直接绘制零极点图。零点数据保存在变量 z 中，极点数据保存在变量 p 中。

pzmap(p,z)函数可以在复平面里绘制零极点图,其中,行矢量 p 为极点,列矢量 z 为零点。这个函数命令用于直接绘制给定的零极点图。

2)求系统根轨迹的 rlocus()函数

函数的调用格式为

```
rlocus(num,den)
rlocus(num,den,k)
[r,k]=rlocus(num,den)
```

rlocus(num,den)函数用来绘制单输入单输出系统的根轨迹图。给定前向通道传递函数 $G(s)$,对于反馈增益为 k 的被控对象($k=0\sim\infty$),其闭环传递函数为

$$\varphi(s) = \frac{G(s)}{1+kG(s)}$$

当不带输出变量引用时,函数可在当前图形窗口中绘出系统的根轨迹图。该函数既适用于连续时间系统,也适用于离散时间系统。

tlocus(num,den,k)可以利用给定的 k($k=0\rightarrow\infty$)绘制系统的根轨迹。[t,k]=rlocus(num, den) 这种带有输出变量的引用函数,返回系统根位置的复数矩阵及其相应的 k,而不直接绘制出零极点图。

例:设一个系统的开环传递函数为 $G(s) = \dfrac{0.001s^3 + 0.02s^2 + 2.0s + 9.3}{2.06s^3 + 1.02s^2 + 2.63s + 5.27}$,试绘制出该闭环系统的根轨迹图。

解:输入如下 MATLAB 命令。

```
% L.m
n = [0.001 0.02 2.04 9.3];
d = [2.06 1.02 2.63 5.27];
sys = tf(n,d);
[p,z] = pzmap(sys);
rlocus(sys);
title('Root Locus')
```

程序执行后计算出系统三个极点与三个零点的数据,同时可得该系统的根轨迹图,如图 1-25 所示。

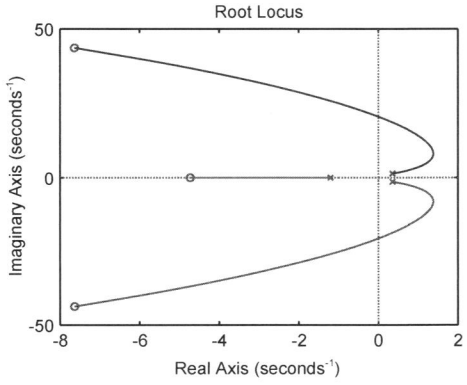

图 1-25 高阶系统的根轨迹图

运行结果如下。

```
p =
-13.3371+20.0754i
-13.3371-20.0754i
```

第 2 章　自动控制原理实验

2.1　教学目标

2.1.1　知识目标

（1）了解自动控制的基本概念和自动控制系统的基本组成、结构、分类与基本要求。

（2）了解控制系统数学模型的概念；掌握线性定常连续系统和离散控制系统的建模方法、各类数学模型的表示及其相互转换方法；了解非线性系统经典数学模型的描述方法。

（3）掌握线性定常连续系统的分析方法（包括时域分析法、根轨迹分析法、频域分析法），能运用这些分析方法分析系统的稳定性、动态性能和稳态性能；了解离散定常系统的分析方法、非线性系统的经典分析方法。

（4）掌握线性定常连续系统的基本校正思想、各种校正方法和常用的校正装置。

（5）分析设计中的作用和局限性。

2.1.2　能力目标

（1）能够掌握经典控制理论方面的概念、原理和分析方法。

（2）能够对自动控制方面的工程问题进行抽象、简化与归纳，能够依据物理、化学、电学等定律并运用微分方程、积分变换、复变函数等知识建立控制系统的数学模型。

（3）能够分析控制系统的稳定性、稳态性能和动态性能，准确计算控制系统的时域、频域性能指标，并能对简单控制系统进行设计与综合，使学生能够依据控制理论的专业知识对工程中的控制问题进行描述、分析和设计。

（4）通过实验加深学生理解系统参数对系统稳定性、动态特性、稳态性能的影响，并能根据实验数据获取合理有效的结论。培养学生基本实验技能，使学生具备一定的科学研究能力。

（5）掌握时域分析法、根轨迹分析法和频域分析法，能够利用 MATLAB 软件进行辅助设计、分析、计算与仿真，使学生获得一定的现代工具的使用能力。

2.1.3　素质目标

（1）厚植爱国精神与刻苦、勤奋、创新精神，鼓励学生创造人生价值，报效祖国。

（2）培养学生的工科人文情怀、精益求精的工匠精神、团结协作精神。

（3）培养学生的稳定意识、大局意识、协作意识、责任意识、规划意识和底线意识。

（4）结合行业特色激励学生提高专业素养，自觉融入实现中华民族伟大复兴中国梦的能源电力建设进程中。

2.2　思政路线

通过分析课程各章知识点隐含的工程伦理、辩证思维、创新意识及严谨科学的工程态度等思政元素，打造"一个根本任务，五大思政元素，五大课程模块"的思政路线，如图 2-1 所示。

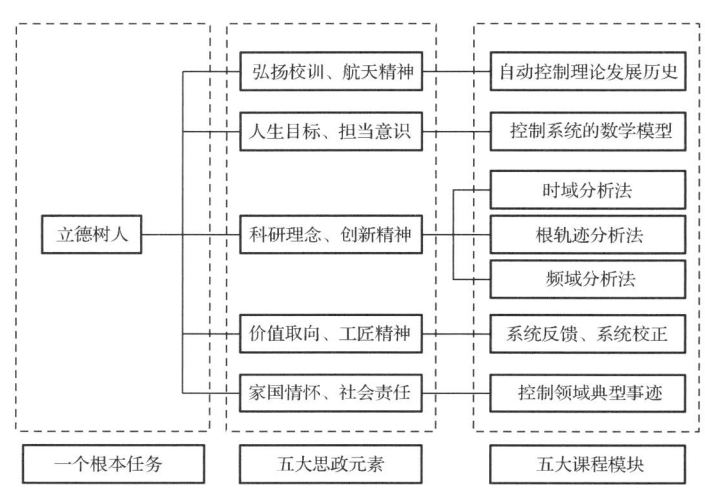

图 2-1　思政路线

（1）通过学习自动控制理论发展历史，培养学生爱国爱家精神，弘扬齐鲁理工学院"知学、知道、知善、知美"的校训精神，为从"中国制造"迈向"中国智造"与自动化技术发展贡献力量。

（2）通过数学模型的学习，激励学生奋发图强，建设祖国，坚定"国家兴衰，我有责任"的担当意识和严谨求实的科研理念。

（3）通过时域分析法、根轨迹分析法和频域分析法三者间彼此相互转换的特点，引导学生全面、辩证地分析问题、解决问题，培养学生的创新精神和辩证唯物主义思想。

（4）通过系统反馈、系统校正等内容，引导学生自我反省，遵规守纪，端正工作态度，形成闭环控制的思想方法，培养认真负责的工匠精神。

（5）学习榜样，通过钱学森等控制领域专家爱国、报国的高尚品格和无私奉献精神影响和感染学生，激发学生的家国情怀、报国志向和社会责任。

2.3　基础实验

本节讲述"典型环节的电路模拟""二阶系统的瞬态响应""线性系统的稳定性分析"

"线性系统的稳态误差""典型环节的频率特性的测试""系统校正"六部分内容。通过对这六部分内容的学习，学生可以掌握基本的实验技能和实验方法，将抽象的理论知识与实际系统联系起来，更直观地理解控制系统的基本原理和性能特点，加深对理论知识的理解和掌握，培养创新思维，提高分析与解决实际问题的能力。

2.3.1 实验一 典型环节的电路模拟

自动控制原理中有比例、积分、微分等典型环节，各环节特点不同，若要定性研究各类典型环节，则需要一个有代表性、突发性、持续性的信号作为输入。阶跃信号具有较大的变化幅度和持续时间，它能够充分激发系统的动态特性，如果一个控制系统能够有效地克服阶跃信号带来的扰动，那么对于其他比较缓和的扰动，该系统也必然能取得良好的校正效果，且阶跃信号在实际工程中广泛存在，如电力系统中的负载突变、机械系统中的启动和停止等。因此，使用阶跃信号作为输入信号具有极其实际的应用价值。

引入阶跃信号可研究参数变化对系统特性的影响，这种"牵一发而动全身"的思想可追溯至古代许多领域。无论是天文观测、历法制定，还是医学养生、农业种植，甚至军事战略、国家治理，在众多先贤的智慧与实践中都可见其深远影响。

在天文历法领域，古代天文学家观察星辰运行，发现细微的参数变化，如日月食周期、行星运动轨迹的微小偏移，都能对整个天体运行系统产生显著影响。例如，古人早已知晓"岁差"现象，即地球自转轴的长期进动会导致春分点沿黄道西移，这一参数的微小变化对天文观测和历法制定具有重大意义，如图 2-2（a）所示。

在医学养生方面，古代中医讲究"阴阳平衡"。人体内部有阴阳两气，若平衡被打破可能引起身体的不适或疾病，如《黄帝内经》所言："阴平阳秘，精神乃治；阴阳离决，精气乃绝。"这里的阴阳平衡就如同现代系统中的参数，其变化对整体健康状态有着决定性影响。

在军事战略与国家治理层面，《孙子兵法》中强调"兵者，国之大事，死生之地，存亡之道，不可不察也。"他深知战争中的各种因素如兵力、地形、天气等参数的变化会直接影响战局的走向。同样，古代的政治家也深知国家政策的调整（参数变化）对社会稳定和发展（系统状态）的重要性，如图 2-2（b）所示。

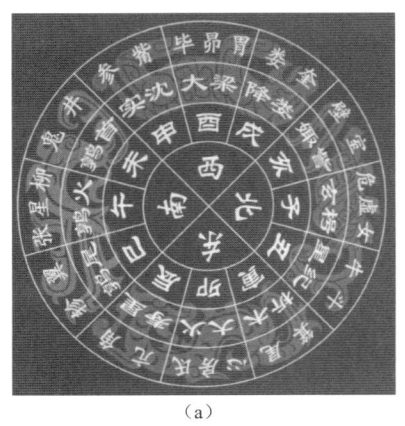

（a）

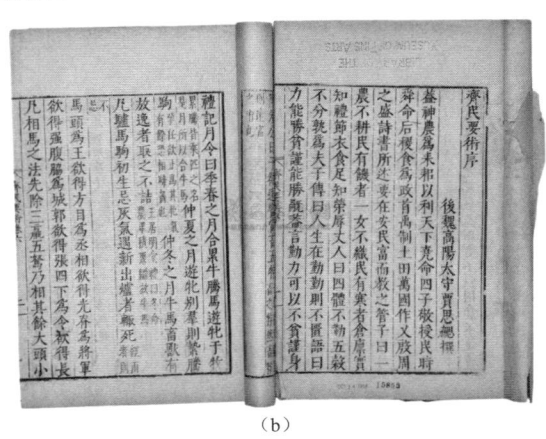

（b）

图 2-2 参数变化对系统的影响内涵图

在农业领域,古代农学家深知气候变化对农作物生长周期的影响。温度、湿度、光照等环境因素作为关键参数,其微小变动都可能导致农作物生长受限或产量下降。因此,古代农业著作,如《齐民要术》中详细记载了根据不同气候条件调整耕作方法的智慧。

随着科技发展,自动控制设备在农业领域有了突破性进展。通过调整参数有助于提高农业生产效率、优化资源配置和降低劳动成本。大疆创新科技有限公司的无人机在农业领域被广泛应用于农作物的病虫害监测、精准施肥和喷洒农药,如图2-3(a)所示。其无人机通过参数调整,能够精确控制飞行高度、速度及喷洒或播种的密度,实现对农田的精准作业。这种参数调整技术不仅提高了作业效率,还减少了农药和种子的浪费,降低了对环境的负面影响。同时通过搭载高清相机和光谱仪等设备,能够实时采集农田的图像和数据,帮助农民及时发现病虫害并采取相应的治理措施。

中国航天科技集团有限公司作为中国航天领域的领军企业,其技术实力和产品性能在市场上占据主导地位。中国航天科技集团有限公司利用先进的自动控制技术,对导弹、卫星等航天器的参数进行精细调整,通过对制导参数、姿态控制参数等的优化,确保导弹的高精度打击能力和卫星的稳定运行。参数调整技术还应用于航天器的自主导航和避障系统,提高了其在复杂环境下的生存能力,如图2-3(b)所示。

(a)   (b)

图2-3 激发学生科技报国的思想图

一、实验目的

(1)观察典型环节在单位阶跃信号作用下的动态特性,加深对各典型环节响应曲线的理解。

(2)学习典型环节阶跃响应的测量方法,定性了解各参数变化对典型环节动态特性的影响,并学会由阶跃响应曲线计算典型环节的传递函数。

(3)学习用 MATLAB 仿真软件对实验内容中的电路进行仿真。

二、实验原理

(1)比例环节的传递函数为

$$G(s) = -\frac{Z_2}{Z_1} = \frac{R_2}{R_1} = -2, \ R_1 = 100\text{k}\Omega, \ R_2 = 200\text{k}\Omega \tag{2-1}$$

其对应的模拟电路图如图2-4所示。按模拟电路进行接线,改变电阻值大小,从而改

变放大倍数 K，观察示波器中单位阶跃响应曲线的变化情况。

其对应的 Simulink 图如图 2-5 所示。从图形库浏览器中拖曳 Step（阶跃输入）、Gain（增益模块）、Scope（示波器）模块到仿真操作画面，连接成仿真框图。改变增益模块的参数，从而改变比例环节的放大倍数 K，观察它们的单位阶跃响应曲线的变化情况。

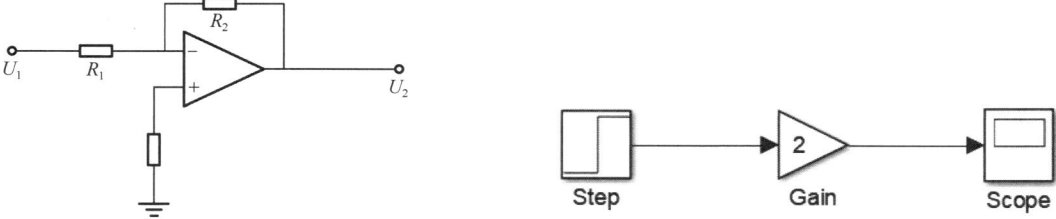

图 2-4　比例环节的模拟电路图　　　　　图 2-5　比例环节的 Simulink 图

（2）惯性环节的传递函数为

$$G(s)=-\frac{K}{Ts+1}=-\frac{R_2/R_1}{R_2C_1+1}=-\frac{2}{0.2s+1}, \quad R_1=100\text{k}\Omega, \quad R_2=200\text{k}\Omega, \quad C_1=1\mu\text{F} \quad (2\text{-}2)$$

其对应的模拟电路图如图 2-6 所示。按模拟电路进行接线，改变电阻值及电容值的大小，从而改变时间常数 T，观察示波器中单位阶跃响应曲线的变化情况。

其对应的 Simulink 图如图 2-7 所示。从图形浏览库中将 Gain（增益模块）换成 Transfer Fcn（传递函数）模块，设置 Transfer Fcn（传递函数）模块的参数，使传递函数变形。从而改变惯性环节的时间常数 T，观察它们的单位阶跃响应曲线的变化情况。

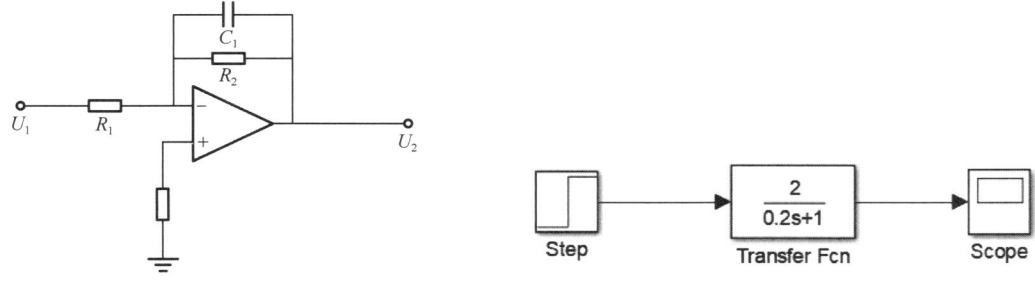

图 2-6　惯性环节的模拟电路图　　　　　图 2-7　惯性环节的 Simulink 图

（3）积分环节的传递函数为

$$G(s)=-\frac{1}{Ts}=-\frac{1}{R_1C_1s}=-\frac{1}{0.1s}, \quad R_1=100\text{k}\Omega, \quad C_1=1\mu\text{F} \quad (2\text{-}3)$$

其对应的模拟电路图如图 2-8 所示。按模拟电路进行接线，改变电阻值及电容值的大小，从而改变时间常数 T，观察示波器中单位阶跃响应曲线的变化情况。

其对应的 Simulink 图如图 2-9 所示。从图形浏览库中将 Gain（增益模块）换成 Transfer Fcn（传递函数）模块，设置 Transfer Fcn（传递函数）模块的参数，使传递函数变形。改变 Transfer Fcn（传递函数）模块的参数，从而改变积分环节的 T，观察单位阶跃响应曲线的变化情况。

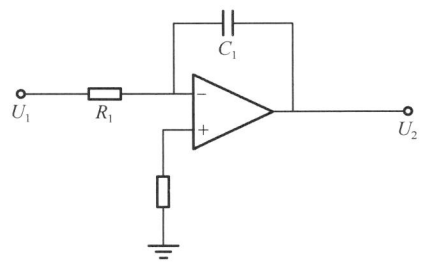
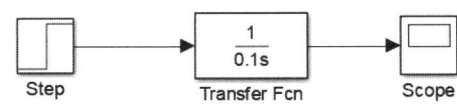

图 2-8　积分环节的模拟电路图　　　　图 2-9　积分环节的 Simulink 图

（4）比例积分（PI）环节的传递函数为

$$G(s) = -\left(K + \frac{1}{Ts}\right) = -\left(\frac{R_2}{R_1} + \frac{1}{R_1C_1s}\right) = -\left(1 + \frac{1}{0.1s}\right),\ R_1 = R_2 = 100\text{k}\Omega,\ C_1 = 1\mu\text{F} \qquad (2\text{-}4)$$

其对应的模拟电路图如图 2-10 所示。按模拟电路进行接线，保持 K 值不变，改变电容值大小，从而改变时间常数 T，观察示波器中单位阶跃响应曲线的变化情况。

其对应的 Simulink 图如图 2-11 所示。从图形操作画面中将 Gain（增益模块）与 Transfer Fcn（传递函数）模块进行并联，并通过加法器连接，由 Scope 显示曲线。

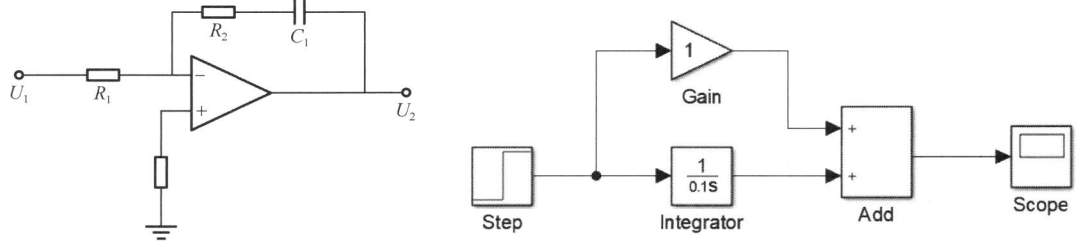

图 2-10　比例积分环节的模拟电路图　　　　图 2-11　比例积分环节的 Simulink 图

（5）比例微分（PD）环节的传递函数为

$$G(s) = -K(Ts+1),\quad K = (R_2 + R_3)/R_1,\quad T = R_2R_3C/(R_2 + R_3) \qquad (2\text{-}5)$$

其中，$R_1 = R_2 = R_3 = 10\text{k}\Omega$，$C_1 = 1\mu\text{F}$，则 $G(s) = -2(0.005s+1) = -(0.01s+2)$。

比例微分环节的模拟电路图如图 2-12 所示。按模拟电路图进行接线，保持 K 值不变，改变电容值大小，从而改变时间常数 T，观察示波器中单位阶跃响应曲线的变化情况。

其对应的 Simulink 图如图 2-13 所示。从图形操作画面中将 Gain（增益模块）与 Transfer Fcn（传递函数）模块进行并联，并通过加法器连接，由 Scope 显示曲线。

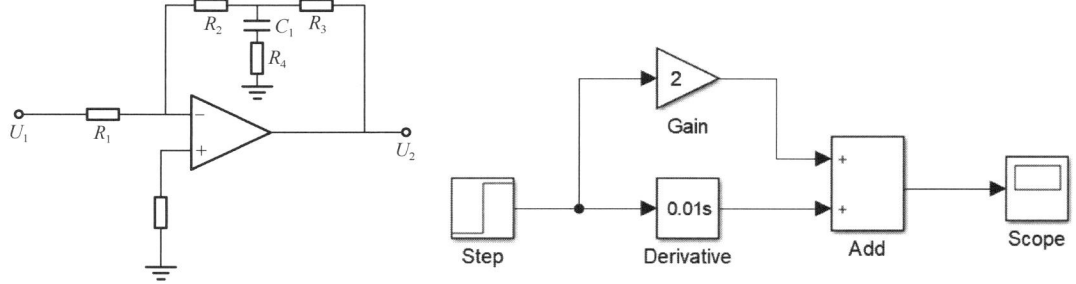

图 2-12　比例微分环节的模拟电路图　　　　图 2-13　比例微分环节的 Simulink 图

（6）比例积分微分（PID）环节的传递函数为

$$G(s) = -\left(K_\text{p} + \frac{1}{T_\text{I}s} + T_\text{D}s\right) \quad (2\text{-}6)$$

$$K_\text{p} = \frac{R_2}{R_1}, \quad T_\text{I} = R_1C_1, \quad T_\text{D} = \frac{R_2R_3}{R_1}C_2$$

其中，$R_1 = R_2 = R_3 = 10\text{k}\Omega$，$R_4 = 1\text{k}\Omega$，$C_1 = C_2 = 1\mu\text{F}$，$K_\text{p} = 1$，$T_\text{I} = 0.01$，$T_\text{D} = 0.01$。

其对应的模拟电路图如图 2-14 所示。按模拟电路进行接线，保持 K 值不变，改变电容值大小，从而改变时间常数 T，观察示波器中单位阶跃响应曲线的变化情况。

其对应的 Simulink 图如图 2-15 所示。从图形操作画面中将 Gain（增益模块）与 Transfer Fcn（传递函数）模块进行并联，并通过加法器连接，由 Scope 显示曲线。

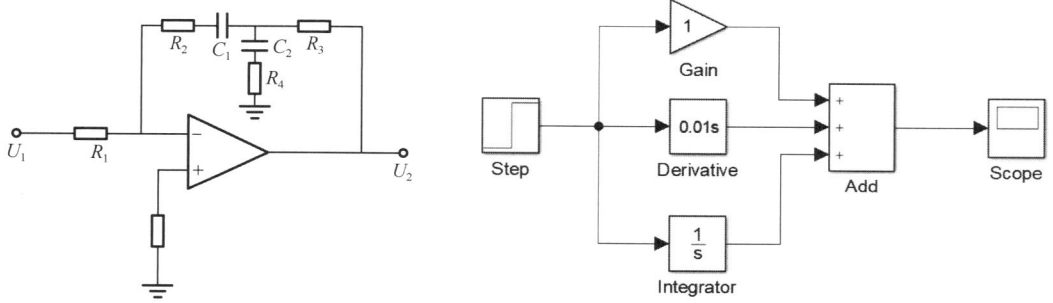

图 2-14　比例积分微分环节的模拟电路图　　图 2-15　比例积分微分环节的 Simulink 图

三、实验内容

1. 各典型环节的传递函数及实验内容

按下列各典型环节的传递函数，建立相应的 Simulink 仿真模型，改变参数值后观察并记录其单位阶跃响应波形。

① 比例环节 $G(s) = K$。

② 惯性环节 $G(s) = \dfrac{K}{Ts+1}$。

③ 积分环节 $G(s) = \dfrac{1}{s}$。

④ 比例积分环节 $G(s) = 1 + \dfrac{1}{Ts}$。

⑤ 比例微分环节 $G(s) = 1 + Ts$。

⑥ PID 环节 $G(s) = 1 + \dfrac{1}{Ts} + Ts$。

2. 仿真效果参考

（1）参数 K_p（比例系数）对比例环节的影响的仿真原理图按图 2-16 所示绘制。

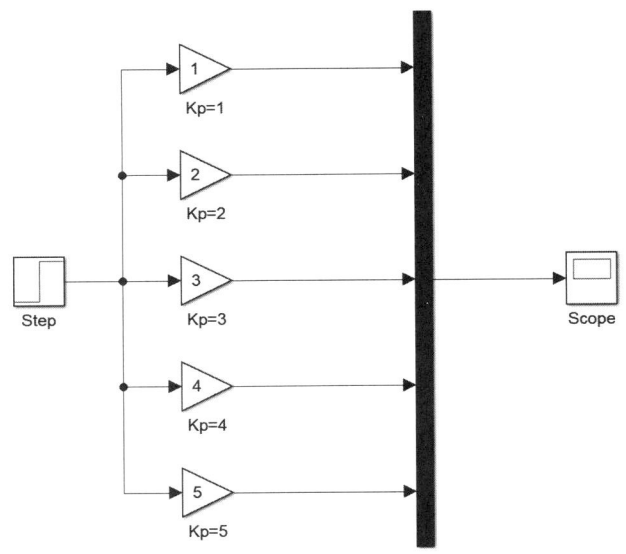

图 2-16　不同 K_p 下比例环节的 Simulink 图

Scope 得到的图像如图 2-17 所示。

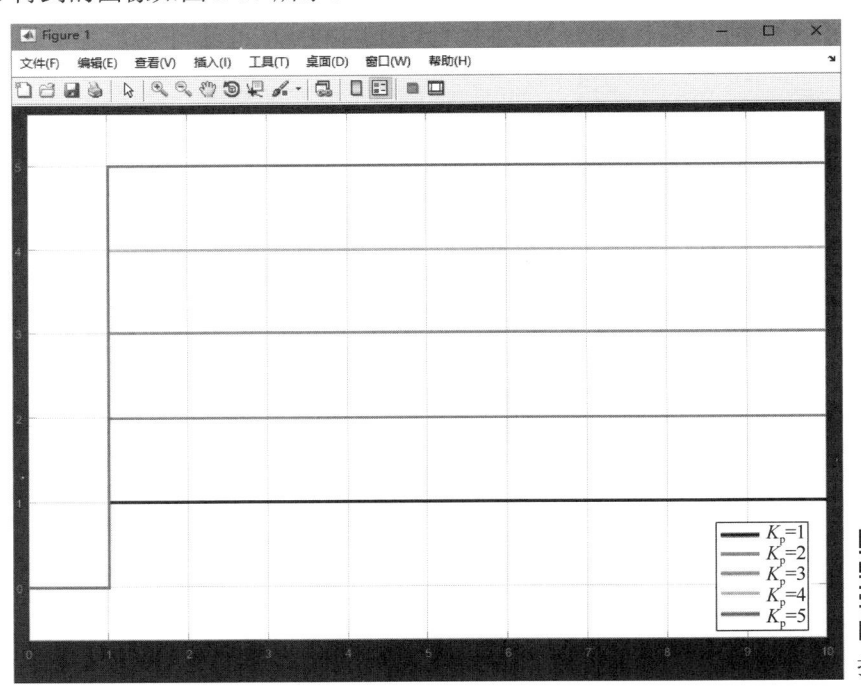

扫码看彩图

图 2-17　不同 K_p 下比例环节的仿真图

分析：根据 Scope 图像，可以得到一个从 1 开始，幅值为 2 的阶跃函数。此处对应比例环节，即初始阶跃信号乘以比例系数 2 得到的信号。

（2）参数 T 对惯性环节影响的仿真原理图按图 2-18 所示绘制。

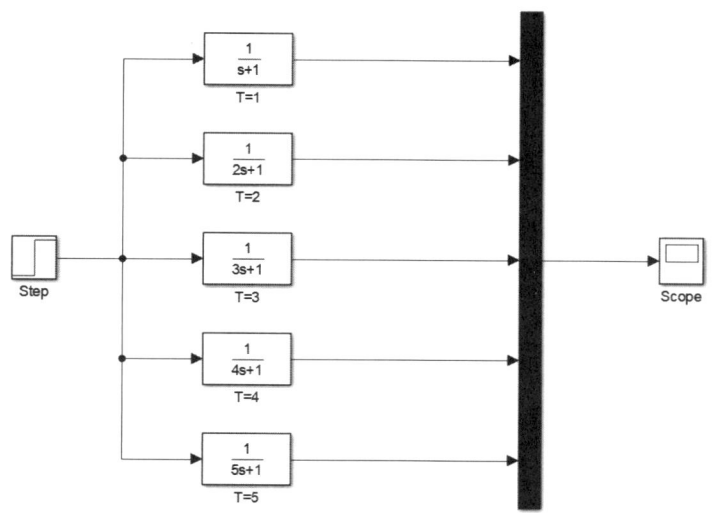

图 2-18　不同 T 下惯性环节的 Simulink 图

Scope 得到的图像如图 2-19 所示。

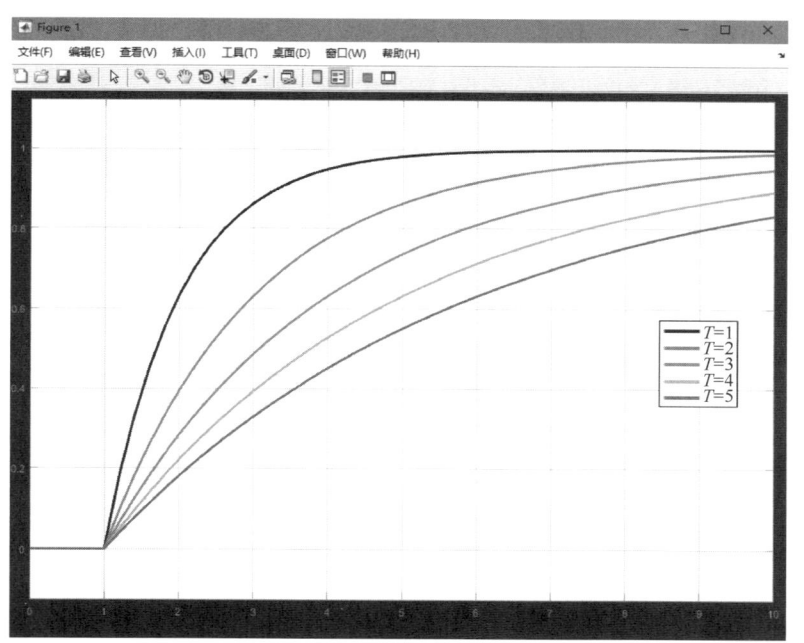

扫码看彩图

图 2-19　不同 T 下惯性环节的仿真图

分析：根据 Scope 图像，惯性环节的输出一开始并不与输入同步按比例变化，而是直到过渡过程结束，$y(t)$ 才能与 $x(t)$ 保持比例，所以我们发现，系统稳定时，输出为 1，与输入的阶跃信号重合。我们可以辅以电容充电过程进行理解，当电容两端开始接上电压时（初始状态为 0），充电过程不是瞬间完成的，需要时间 Δt，充电完毕后才能达到两端接口电压值，且 T 越大，信号达到稳态的时间越长。

（3）参数 T 对积分环节影响的仿真原理图按图 2-20 所示绘制。

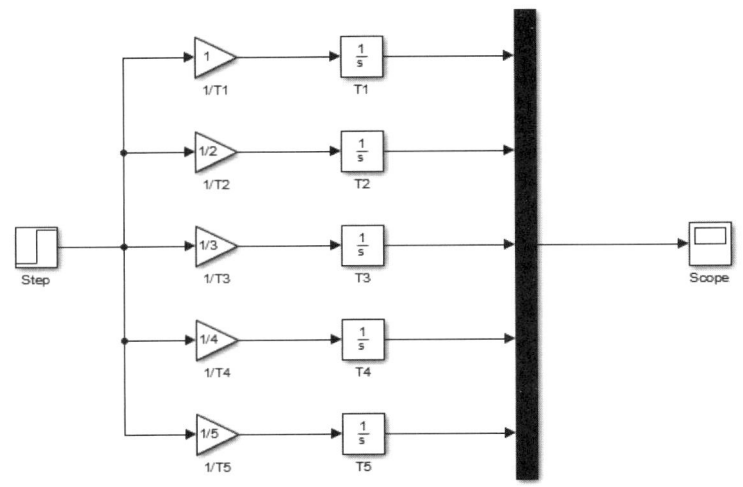

图 2-20　不同 T 下积分环节的 Simulink 图

Scope 得到的图像如图 2-21 所示。

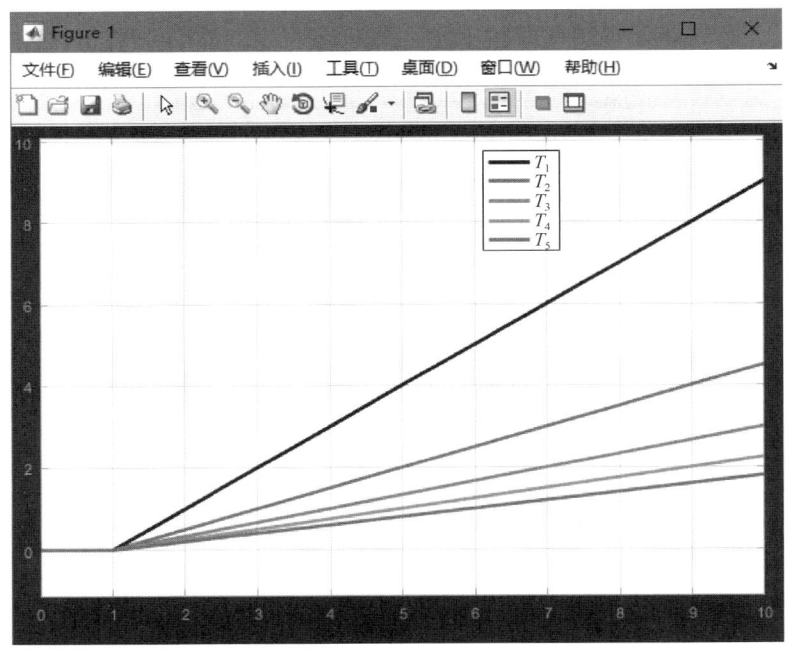

扫码看彩图

图 2-21　不同 T 下积分环节的仿真图

分析：根据 Scope 图像，我们发现结果为斜坡信号，即阶跃信号的积分，且 T 越小，积分作用越明显。

（4）各参数对比例积分环节的影响。

① 当参数 K_I（积分系数）不变时，参数 K_p 的变化对比例积分环节阶跃特性影响的仿真原理图按图 2-22 所示绘制，其中图 2-22（a）为总图，总图中每个模块内部的结构如图 2-22（b）～图 2-22（f）所示。

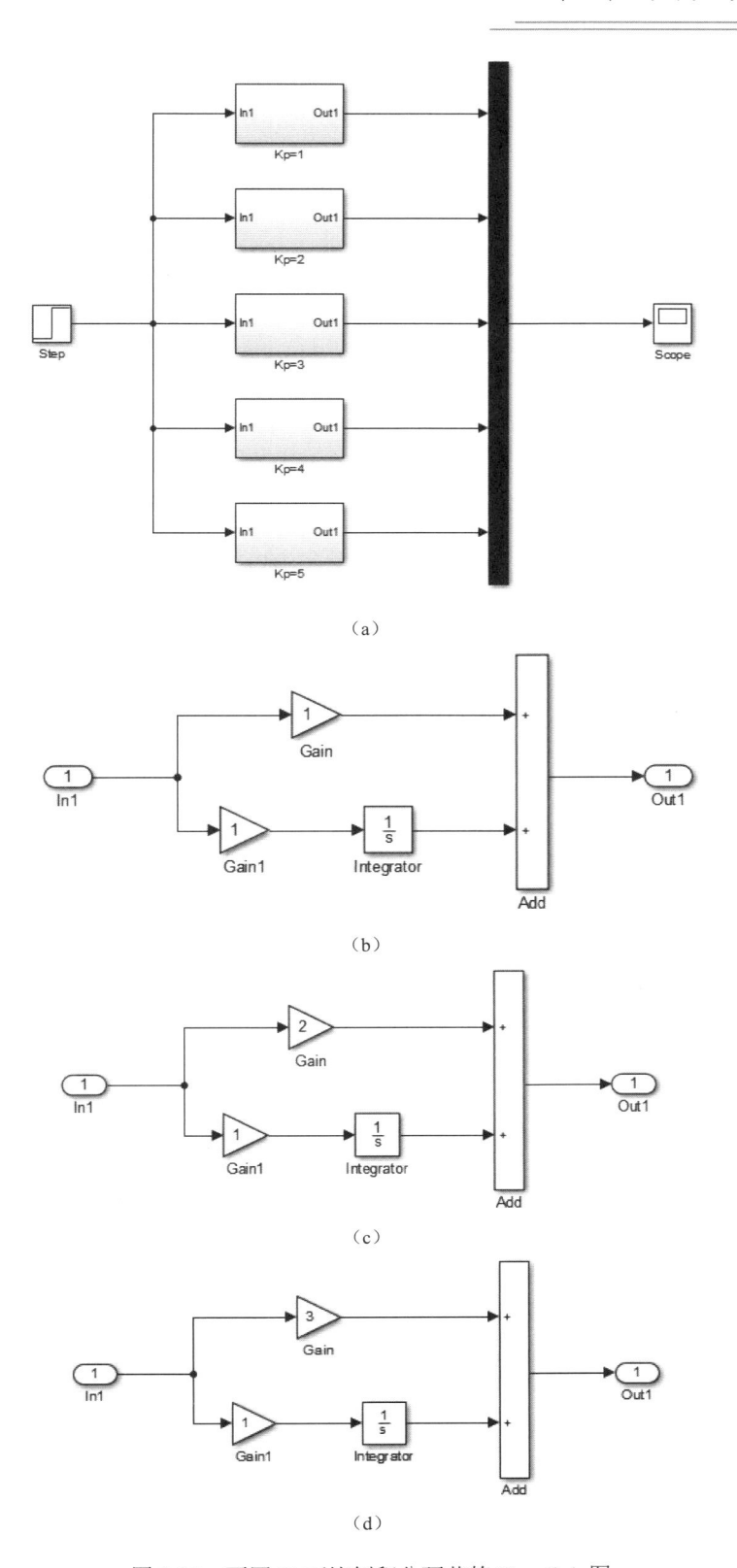

图 2-22　不同 K_p 下比例积分环节的 Simulink 图

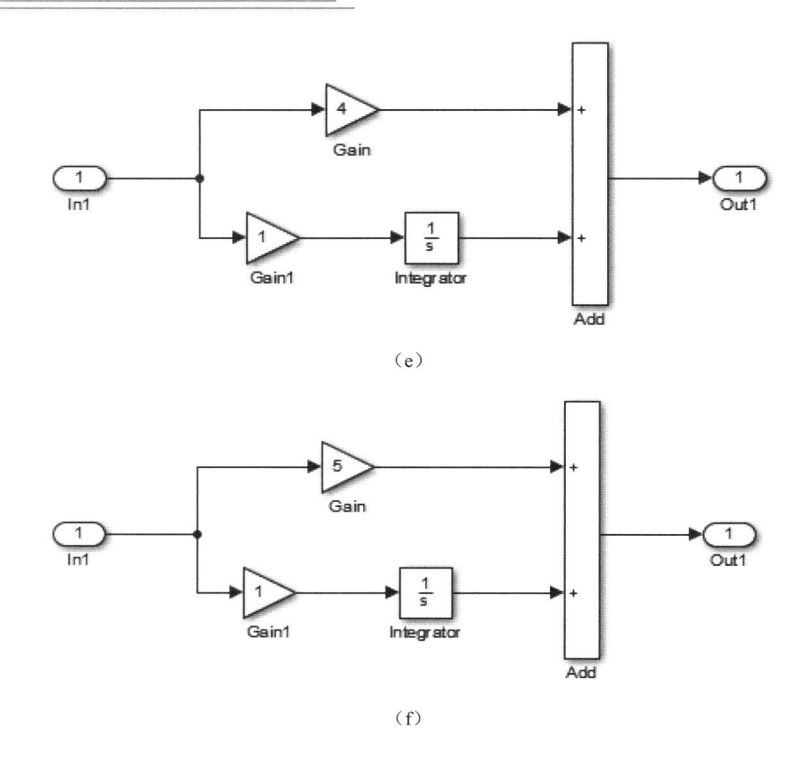

(e)

(f)

图 2-22 不同 K_p 下比例积分环节的 Simulink 图（续）

Scope 得到的图像如图 2-23 所示。

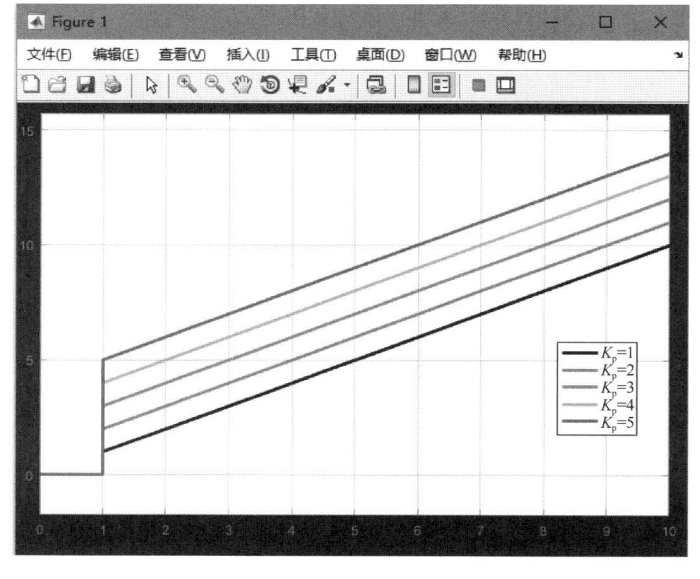

图 2-23 不同 K_p 下比例积分环节的仿真图

扫码看彩图

② 当参数 K_p 不变时，参数 K_I 的变化对比例积分环节阶跃特性影响的仿真原理图按图 2-24 所示绘制，其中图 2-24（a）为总图，总图中每个模块内部的结构如图 2-24（b）~图 2-24（f）所示。

(a)

(b)

(c)

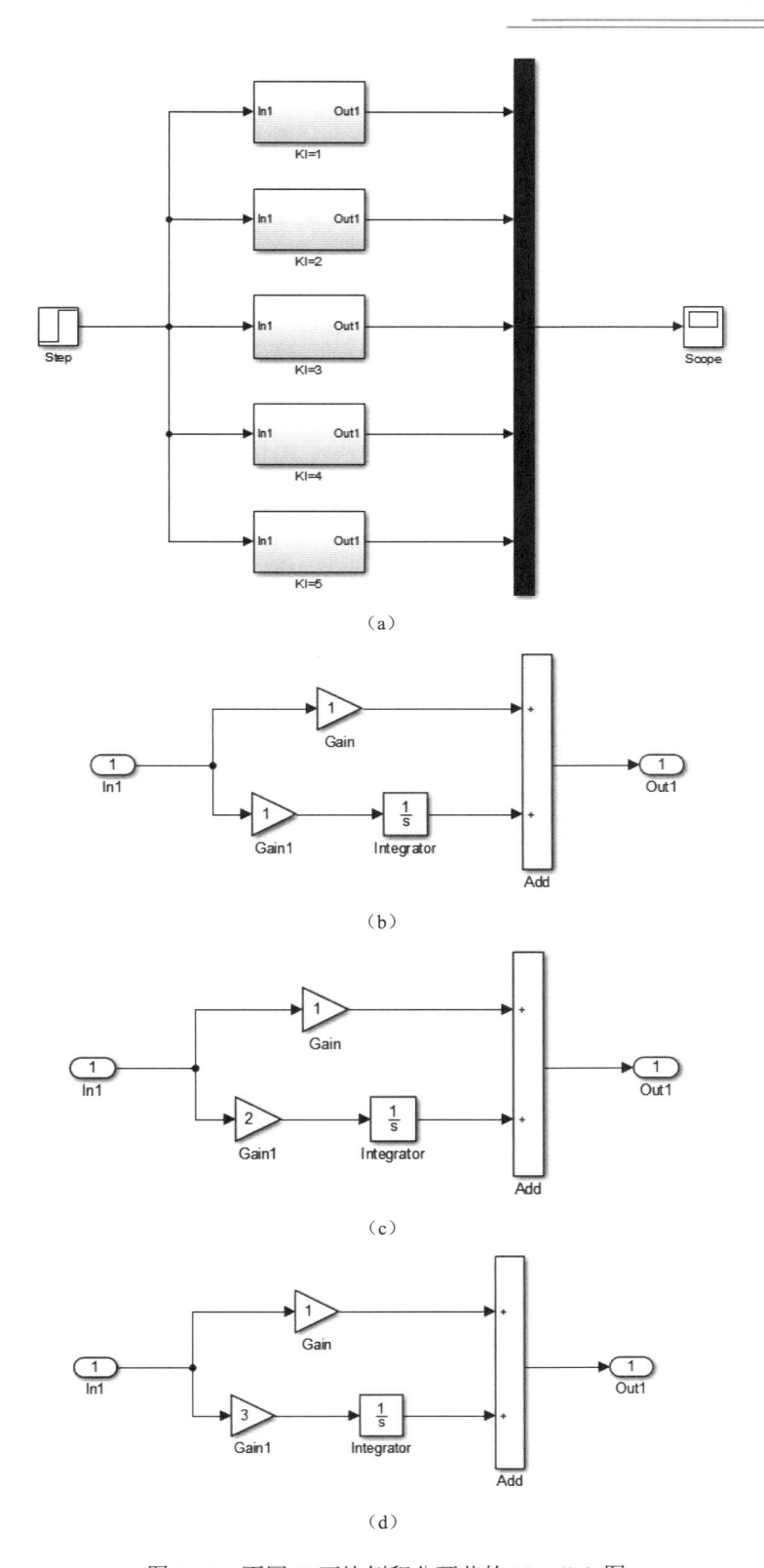

(d)

图 2-24 不同 K_I 下比例积分环节的 Simulink 图

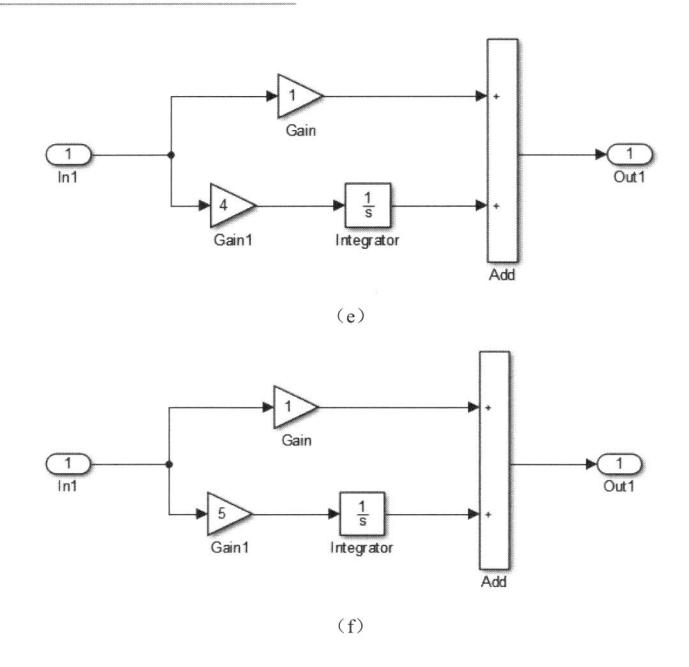

(e)

(f)

图 2-24　不同 K_I 下比例积分环节的 Simulink 图（续）

Scope 得到的图像如图 2-25 所示。

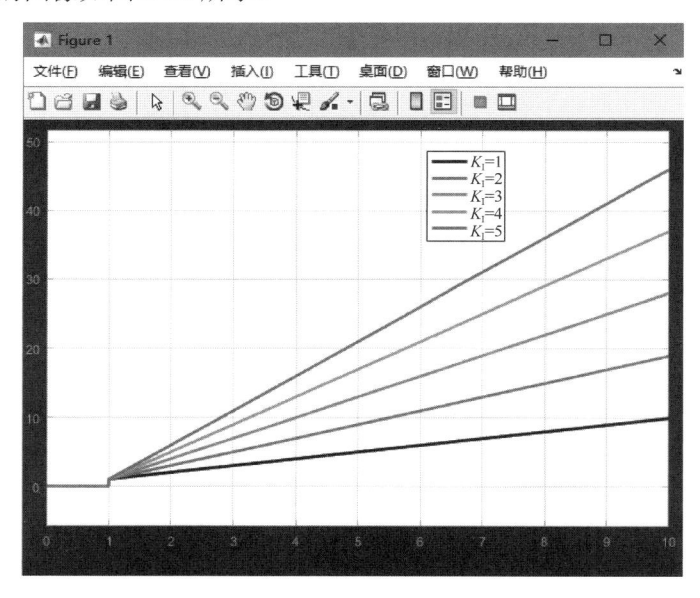

图 2-25　不同 K_I 下比例积分环节的仿真图

扫码看彩图

分析：根据 Scope 图像，我们发现结果为阶跃信号加上一个斜坡信号，其中斜坡信号为积分环节，两者结合为比例积分环节。仔细观察可以得到图像的斜线开始于 $x=1$，$y=1$ 点，即上述的阶跃信号加上斜坡信号（斜坡信号为阶跃信号的积分）。

（5）各参数对比例微分环节的影响。

① 当参数 K_D（微分系数）不变时，参数 K_p 的变化对比例微分环节阶跃特性影响的仿

真原理图按图 2-26 所示绘制，其中图 2-26（a）为总图，总图中每个模块内部的结构如图 2-26（b）～图 2-26（f）所示。

（a）

（b）

（c）

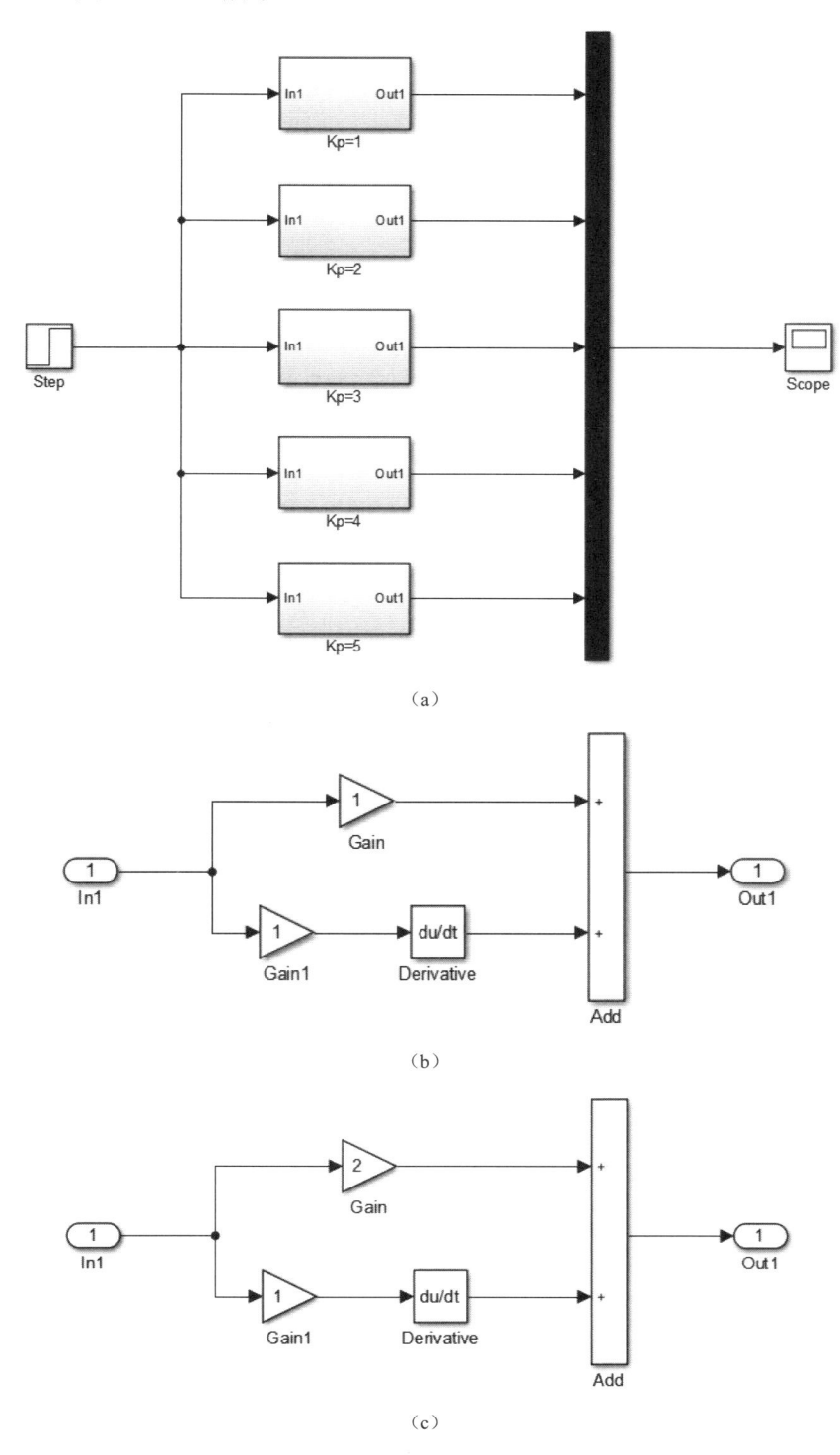

图 2-26　不同 K_p 下比例微分环节的 Simulink 图

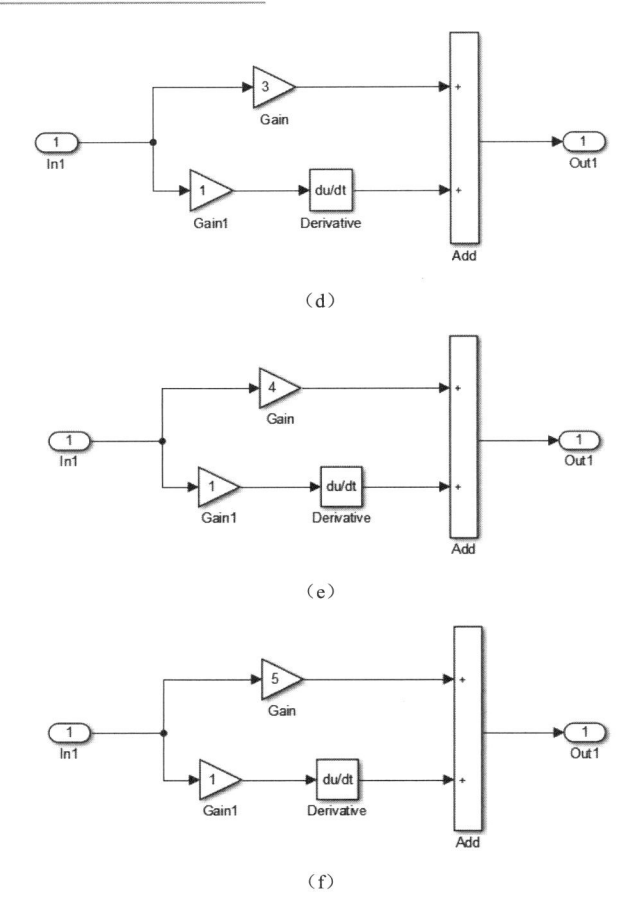

(d)

(e)

(f)

图 2-26　不同 K_p 下比例微分环节的 Simulink 图（续）

Scope 得到的图像如图 2-27 所示。

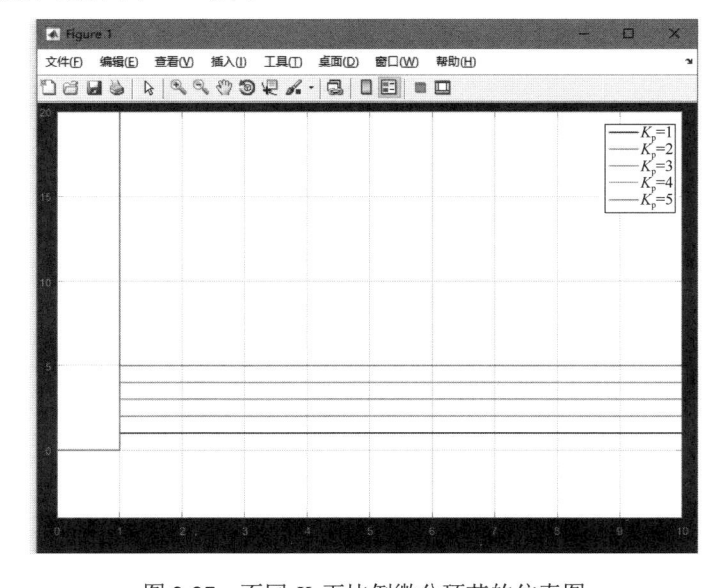

图 2-27　不同 K_p 下比例微分环节的仿真图

扫码看彩图

② 当参数 K_p 不变时，参数 K_D 的变化对比例微分环节阶跃特性影响的仿真原理图按图 2-28 所示绘制，其中图 2-28（a）为总图，总图中每个模块内部的结构如图 2-28（b）～图 2-28（f）所示。

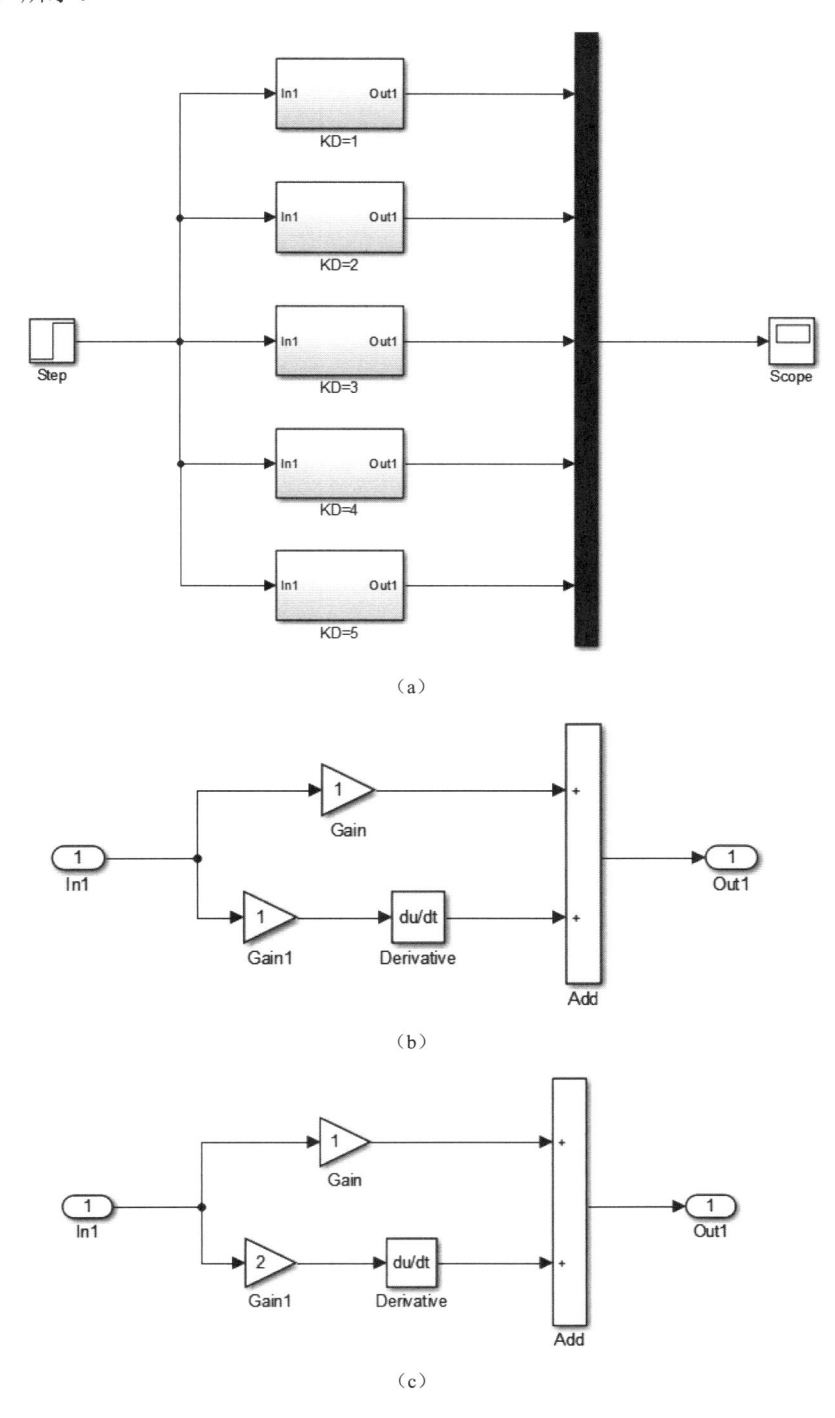

图 2-28　不同 K_D 下比例微分环节的 Simulink 图

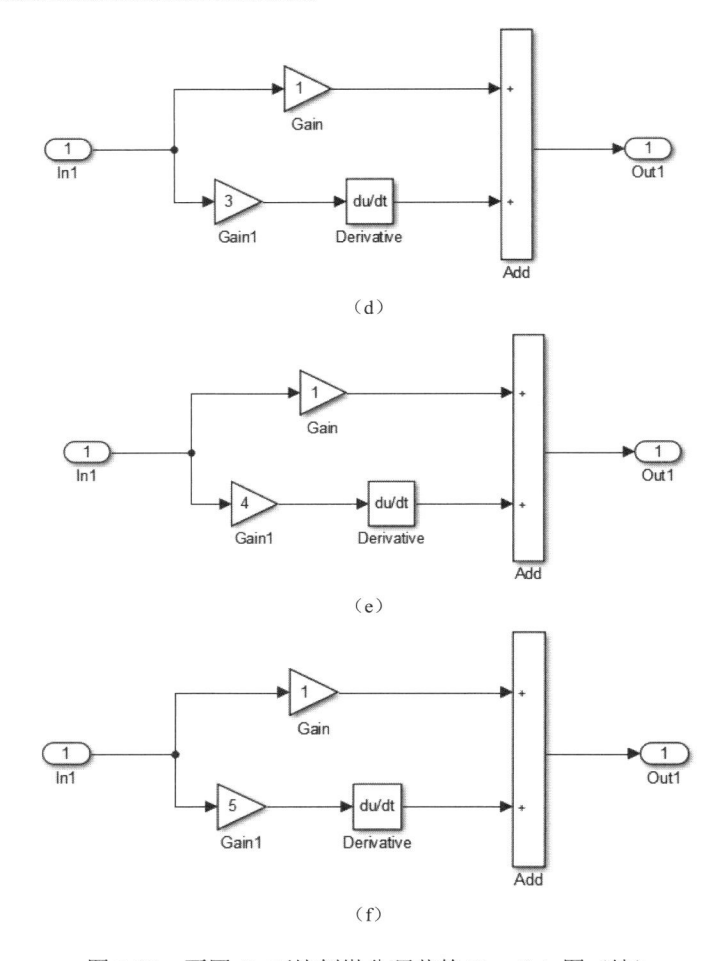

(d)

(e)

(f)

图 2-28　不同 K_D 下比例微分环节的 Simulink 图（续）

Scope 得到的图像如图 2-29 所示。

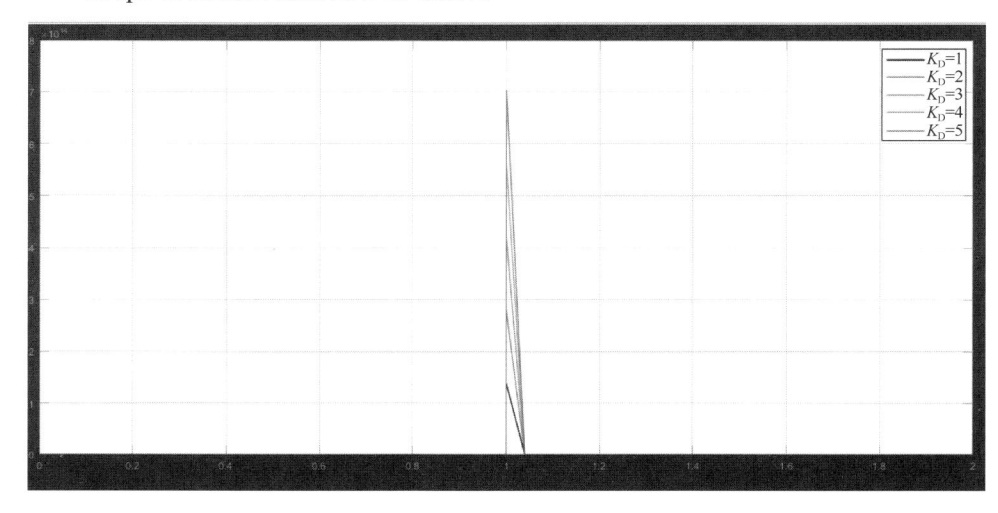

图 2-29　不同 K_D 下比例微分环节的仿真图

扫码看彩图

分析：根据 Scope 图像，从原理图上可以看到模块 du/dt，这个模块作为微分环节，字面意思为求微分，而阶跃信号只在转折点处求微分，此处即 $x=1$ 处。对阶跃信号求导，其导数趋向于∞。比例积分环节即微分环节加上比例环节。这就与理论知识一样，阶跃函数在转折点处的导数为冲击函数，冲击函数在图像上的表现为一条高度趋向于∞、宽度趋向于 0 的矩形，即无限高的射线。

（6）各参数对 PID 环节的影响。

① 当参数 K_I、K_D 不变时，参数 K_p 的变化对 PID 环节阶跃特性影响的仿真原理图按图 2-30 所示绘制，其中图 2-30（a）为总图，总图中每个模块内部的结构如图 2-30（b）～图 2-30（f）所示。

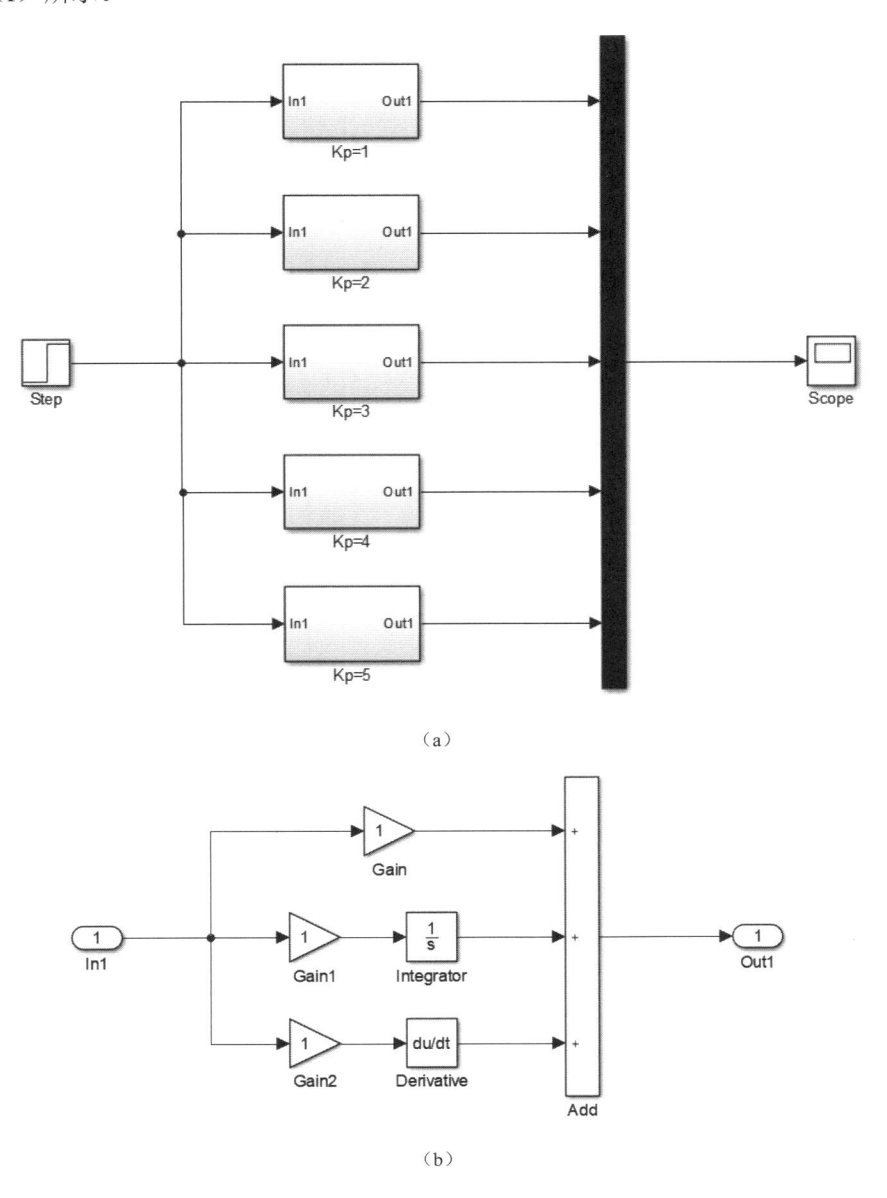

图 2-30　不同 K_p 下 PID 环节的 Simulink 图

(c)

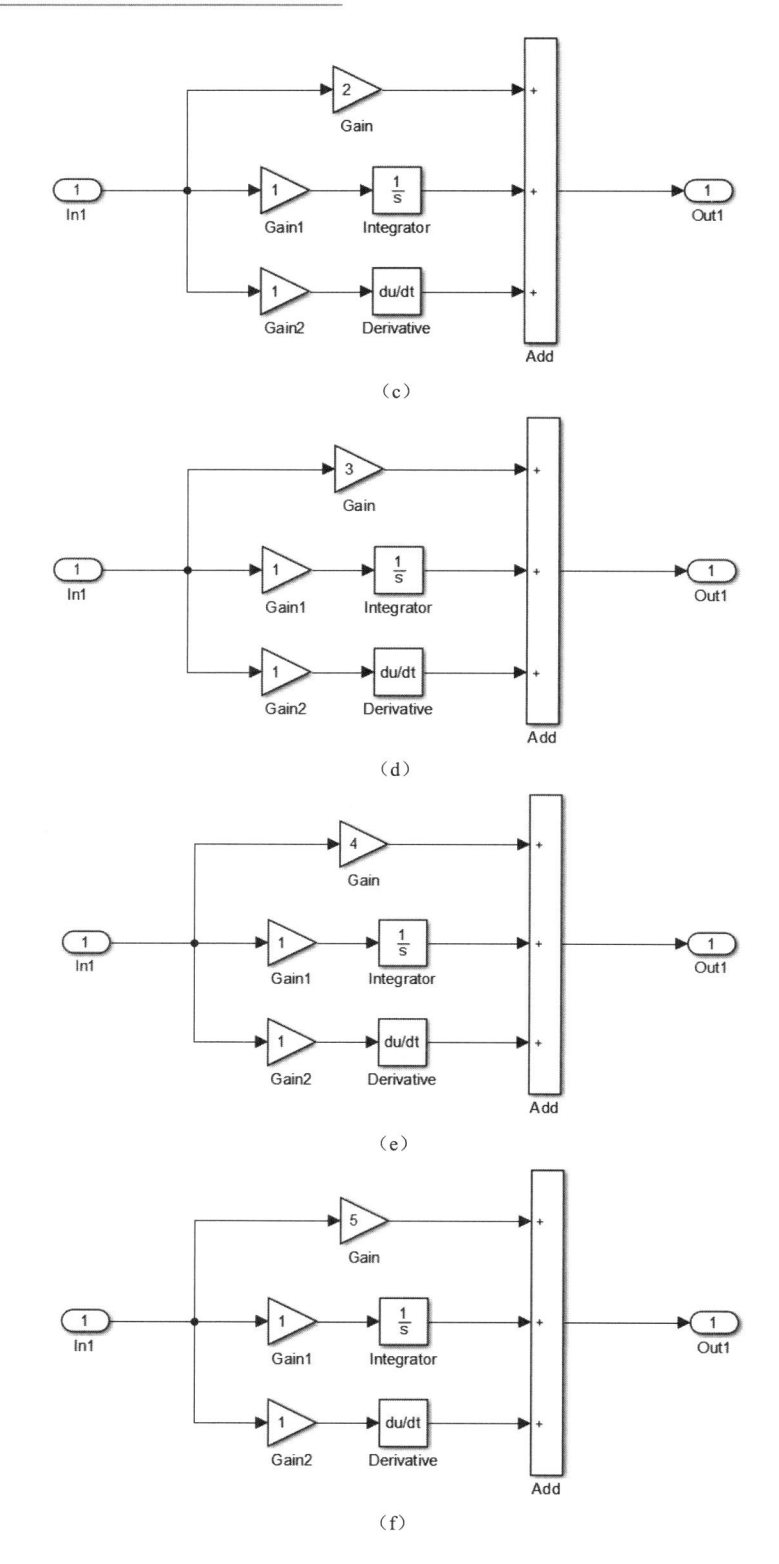

(d)

(e)

(f)

图 2-30　不同 K_p 下 PID 环节的 Simulink 图（续）

Scope 得到的图像如图 2-31 所示。

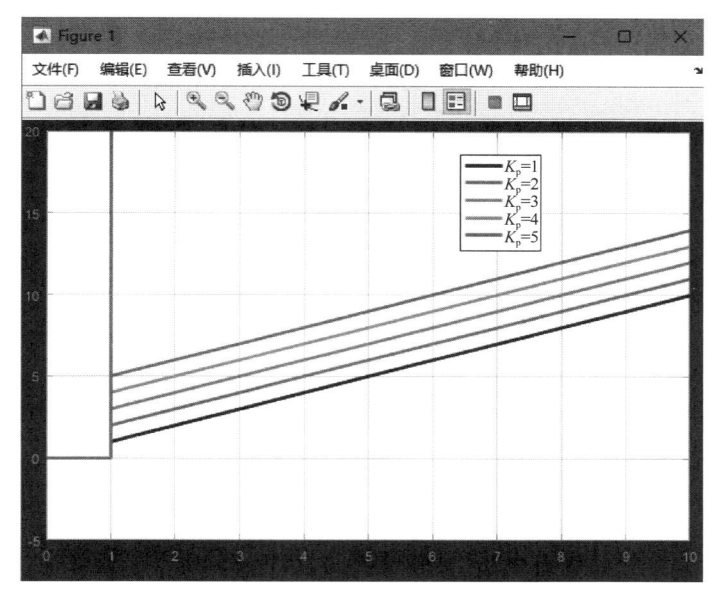

图 2-31　不同 K_p 下的 PID 环节的仿真图

② 当参数 K_p、K_D 不变时，参数 K_I 的变化对 PID 环节阶跃特性影响的仿真原理图按图 2-32 所示绘制，其中图 2-32（a）为总图，总图中每个模块内部的结构如图 2-32（b）～图 2-32（f）所示。

（a）

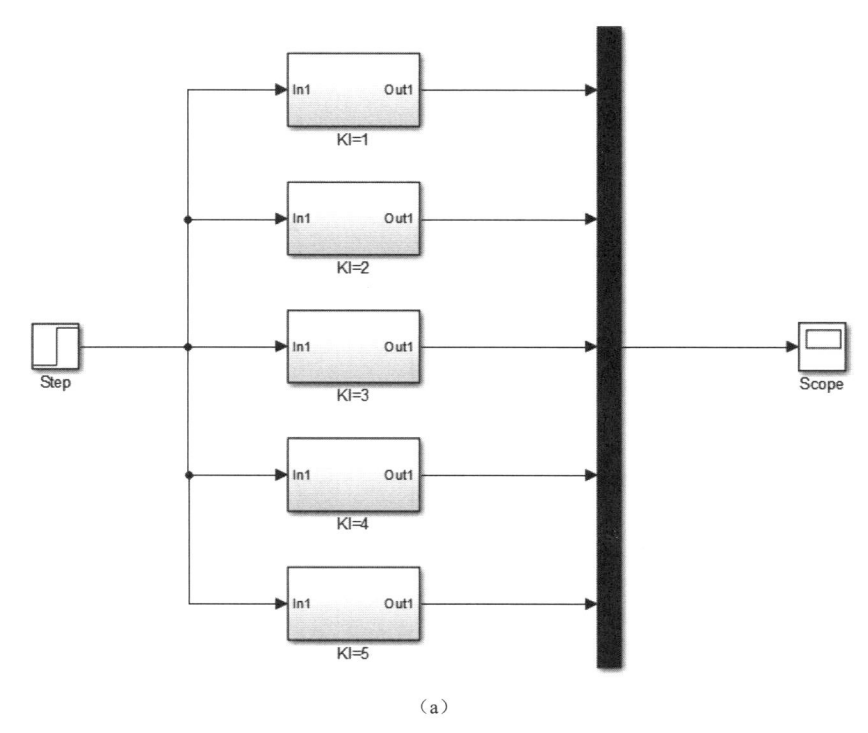

图 2-32　不同 K_I 下 PID 环节的 Simulink 图

(b)

(c)

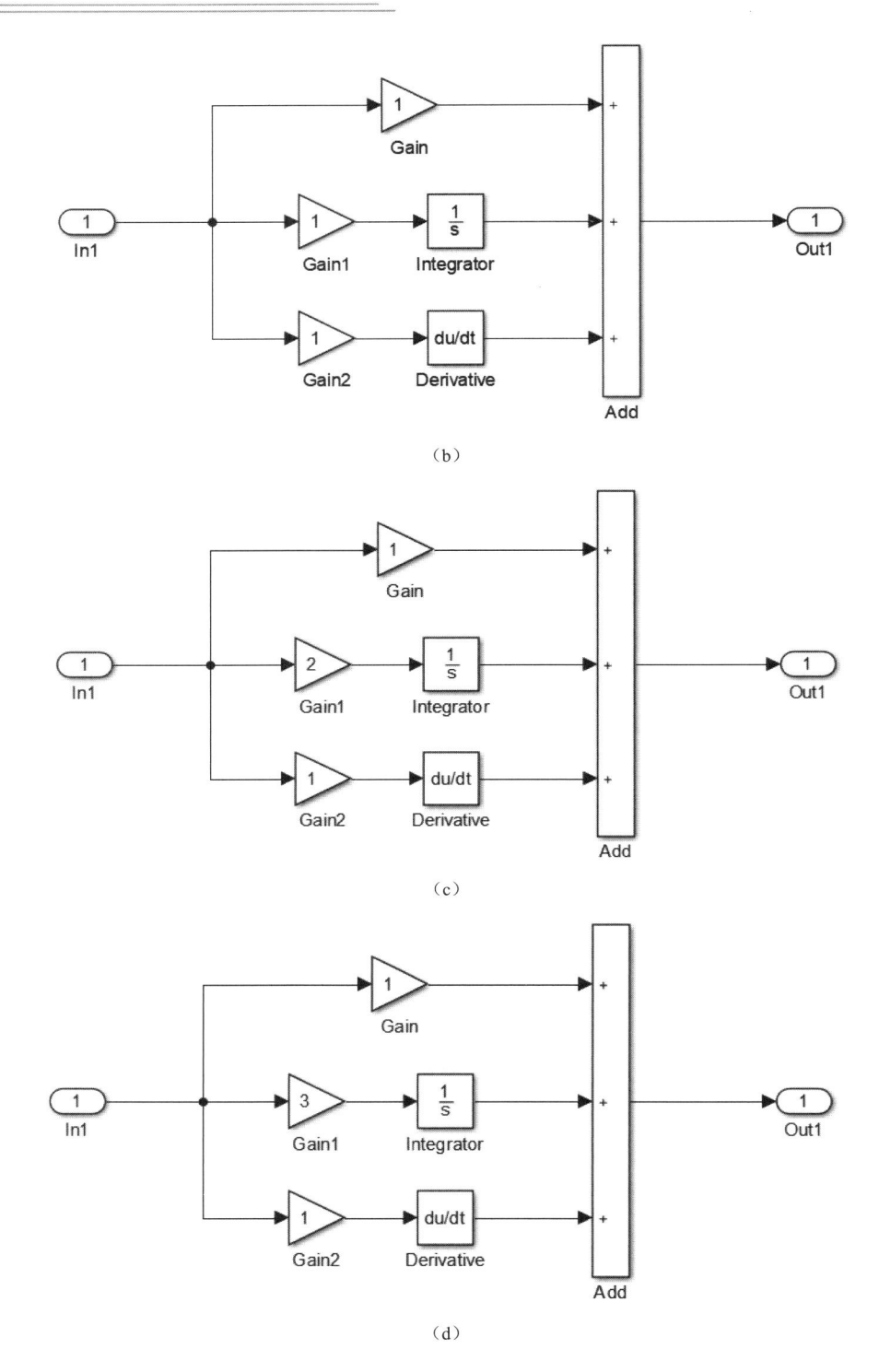

(d)

图 2-32　不同 K_I 下 PID 环节的 Simulink 图（续）

(e)

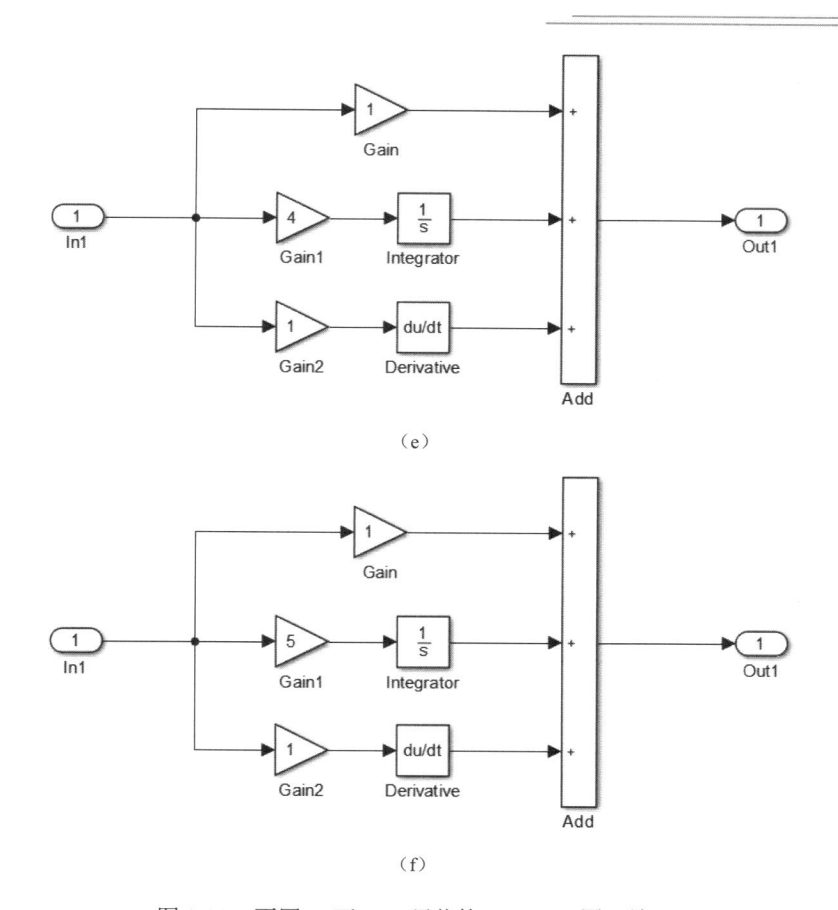

(f)

图 2-32　不同 K_I 下 PID 环节的 Simulink 图（续）

Scope 得到的图像如图 2-33 所示。

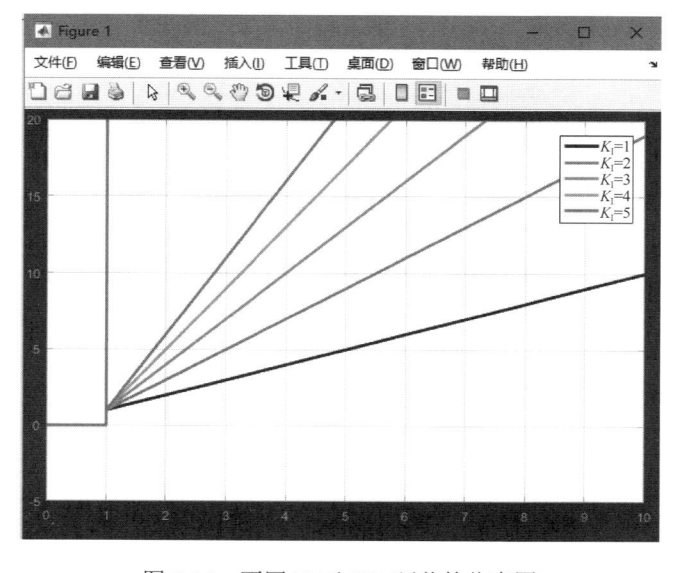

图 2-33　不同 K_I 下 PID 环节的仿真图

扫码看彩图

③ 当参数 K_P、K_I 不变时，参数 K_D 的变化对 PID 环节阶跃特性影响的仿真原理图按图 2-34 所示绘制，其中图 2-34（a）为总图，总图中每个模块内部的结构如图 2-34（b）～图 2-34（f）所示。

(a)

(b)

(c)

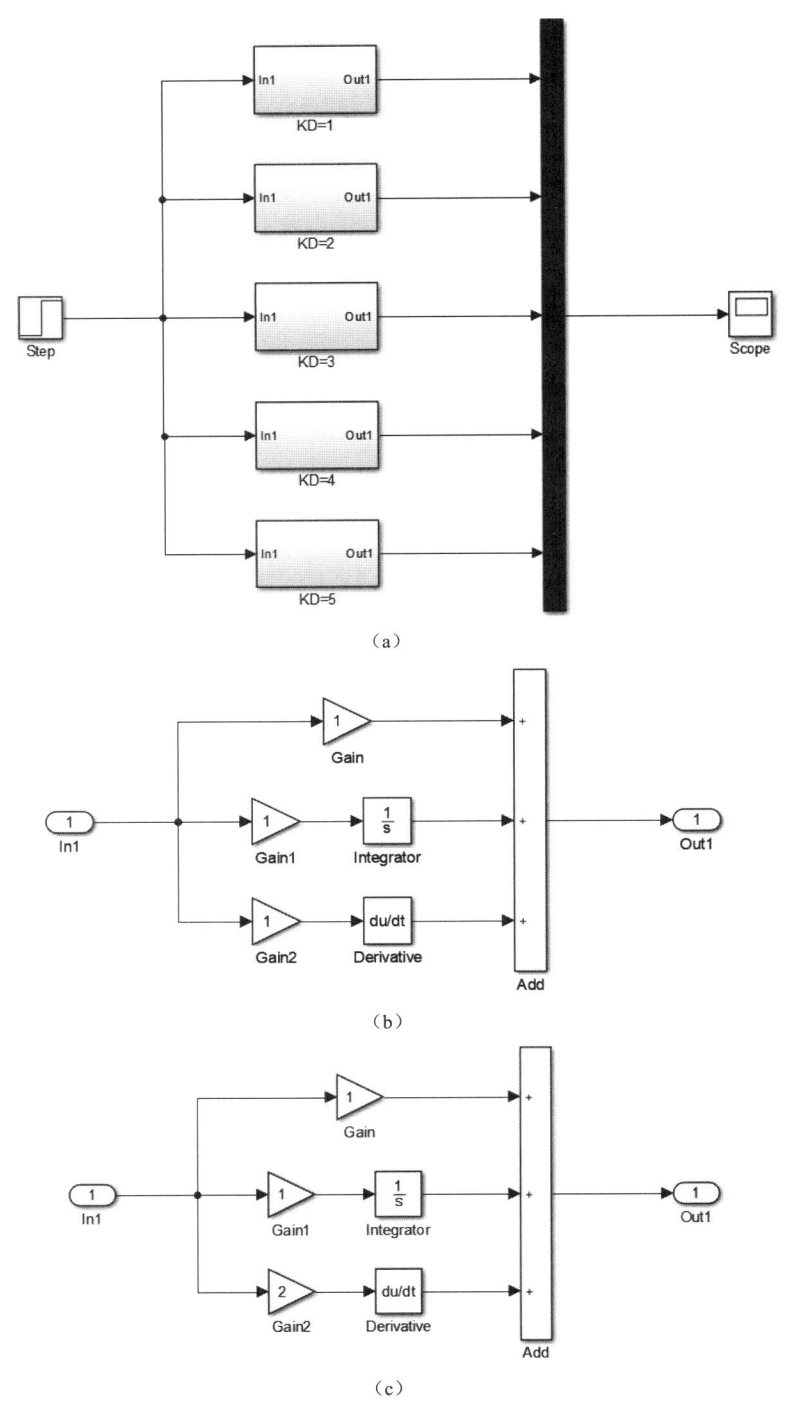

图 2-34　不同 K_D 下 PID 环节的 Simulink 图

(d)

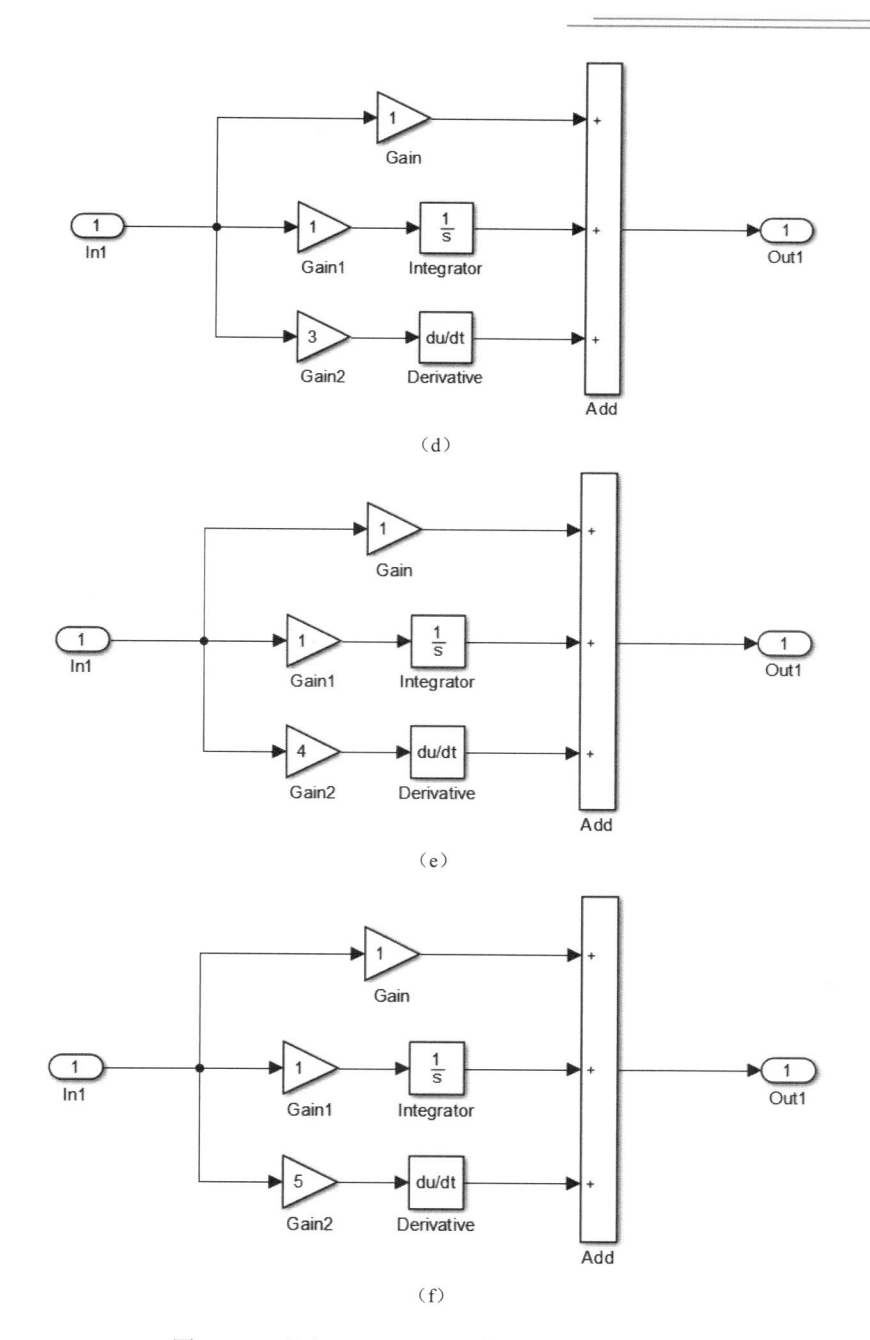

(e)

(f)

图 2-34　不同 K_D 下 PID 环节的 Simulink 图（续）

Scope 得到的图像如图 2-35 所示。

分析：根据 Scope 图像，在输入信号为阶跃信号的前提下，PID 的结果为以上三个实验的叠加。例如，比例环节为对幅值产生影响，微分环节产生一个冲击信号，积分环节生成一个斜坡信号。PID 调节在自动化控制中非常重要，通过对比例、微分、积分三个环节进行系数占比的调整，可以得到最佳结果。

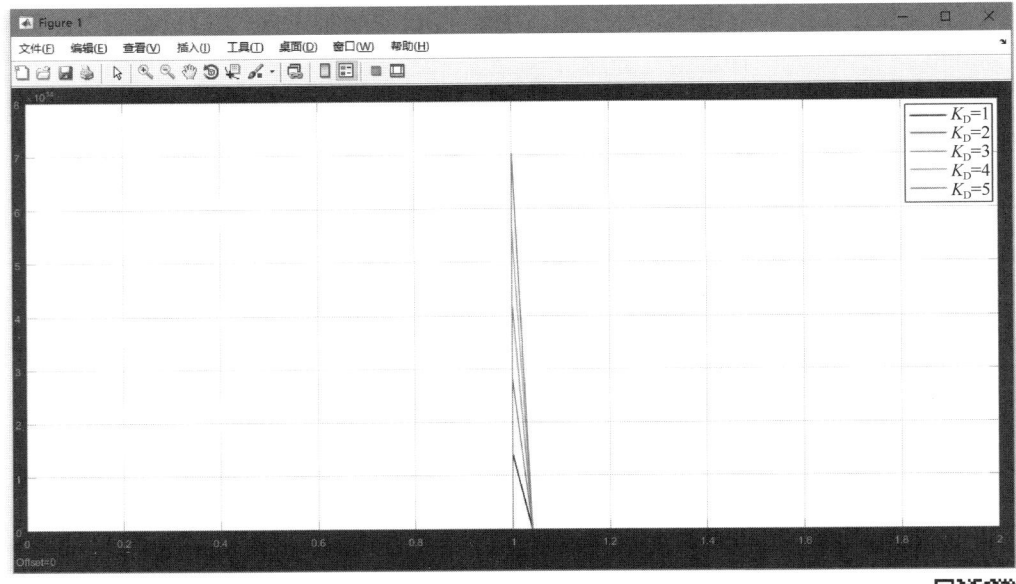

图 2-35　不同 K_D 下 PID 环节的仿真图

四、实验报告要求

（1）画出各典型环节的模拟电路图与仿真图，注明参数，并写出各环节的传递函数。

（2）在模拟电路中改变各典型环节的参数，根据参数改变前后所测得的单位阶跃响应曲线，分析参数变化对动态性能的影响。

（3）在 Simulink 仿真中改变模块参数，从而分析参数变化对动态性能的影响。

（4）对实验结果进行分析。

2.3.2　实验二　二阶系统的瞬态响应

动态性能指标作为衡量事物随时间变化而表现出的性能特质，其重要性不言而喻，先人们已在多个领域展现出对动态性能指标的深刻认识。

《孙子兵法》中的"故善战者，其势险，其节短"和"兵无常势，水无常形"，强调军队应具备迅速调整战术、灵活应对的能力。诸葛亮的八阵图也是以机动性为核心，通过变化多端的阵形来克敌制胜的。这些都反映了古代对军队机动性这一动态性能指标的重视。

古代天文学家通过对日月星辰运行规律的长期观测，发现了许多天文现象的周期性变化。例如，古代历法就是基于太阳和月亮的运行周期来制定的。同时，天文学家还详细记录了行星运动、日月食等周期性现象，为后世天文学研究提供了宝贵资料。这些周期性记录体现了对动态性能指标的精准把握和应用。

古代水利工程，如都江堰、灵渠等，都体现了对水流动态性能的精准调控。工程师们根据河流的水量、流速等动态变化，巧妙设计了水利设施，实现水流的合理分配和调节。这些水利工程不仅保障了农田灌溉和城市供水，还在航运、防洪等方面发挥了重要作用。对流量调节的精准把握展示了古代水利工程技术对动态性能指标的深刻理解。

古代医学养生注重因人而异、因时而异。中医认为人体内部阴阳平衡是健康的关键，而体质的不同会导致对外界环境的适应性差异。因此，古代医者会根据个体的体质特点来制定相应的养生和治疗方案。例如，针对阳虚体质的人，医者会建议多食用温性食物、注意保暖等。这种对体质适应性的关注体现了古代医学对动态性能指标的独特理解和应用。

一、实验目的

（1）掌握二阶系统的电路模拟方法及其动态性能指标的测试方法。

（2）研究二阶系统的两个重要参数阻尼比 ζ 和无阻尼自然频率 ω_n 对系统动态性能的影响。

二、实验原理

图 2-36 所示为典型二阶系统，其闭环传递函数为

$$\Phi(s) = \frac{C(s)}{R(s)} = \frac{\omega_n^2}{s^2 + 2\zeta\omega_n s + \omega_n^2} \qquad (2\text{-}7)$$

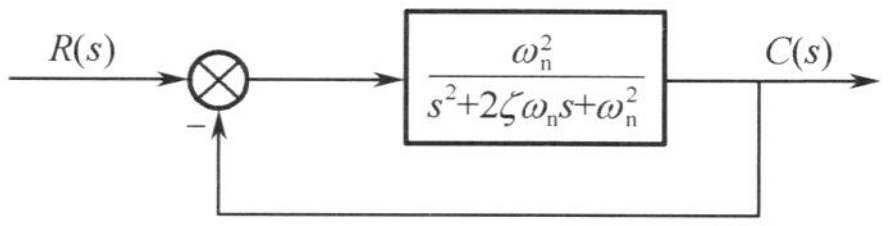

图 2-36 典型二阶系统

若输入为单位阶跃信号 $R(s) = 1/s$，则有

$$C(s) = \Phi(s) \cdot R(s) = \frac{\omega_n^2}{s^2 + 2\zeta\omega_n s + \omega_n^2} \cdot \frac{1}{s} = \frac{1}{s} - \frac{s + 2\zeta\omega_n}{(s + \zeta\omega_n)^2 + \omega_n^2(1 - \zeta^2)} \qquad (2\text{-}8)$$

对式（2-8）取拉氏反变换，求得不同阻尼比下二阶系统的单位阶跃响应函数，如表 2-1 所示，单位阶跃响应曲线如图 2-37 所示。

表 2-1 不同阻尼比下二阶系统的单位阶跃响应函数

阻尼比	单位阶跃响应函数
$0 < \zeta < 1$	$h(t) = 1 - \dfrac{1}{\sqrt{1-\zeta^2}} e^{-\zeta\omega_n t} \cdot \sin(\omega_d t + \beta) \quad (t \geq 0)$ 式中，$\beta = \arctan(\sqrt{1-\zeta^2}/\zeta)$，或者 $\beta = \arccos\zeta$
$\zeta = 0$	$h(t) = 1 - \cos\omega_n t \quad (t \geq 0)$
$\zeta = 1$	$h(t) = 1 - e^{-\omega_n t}(1 + \omega_n t) \quad (t \geq 0)$
$\zeta > 1$	$h(t) = 1 + \dfrac{e^{-t/T_1}}{T_2/T_1 - 1} + \dfrac{e^{-t/T_2}}{T_1/T_2 - 1} \quad (t \geq 0)$ 式中，$T_1 = \dfrac{1}{\omega_n(\zeta - \sqrt{\zeta^2 - 1})}$，$T_2 = \dfrac{1}{\omega_n(\zeta + \sqrt{\zeta^2 - 1})}$

如图 2-38 所示，二阶系统的动态性能指标如下。

（1）延迟时间 t_d：响应由零状态上升至稳态值的 50% 所需的时间。

（2）上升时间 t_r：响应从稳态值的 10% 上升至 90% 所需要的时间；对于有振荡的系统，通常定义为 0 至第一次到达稳态值的 100% 所需要的时间。

（3）峰值时间 t_p：响应超过稳态值，到达第一个峰值所需要的时间。

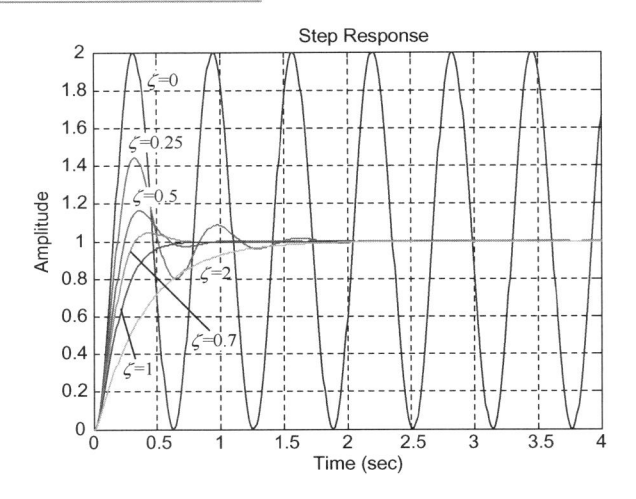

图 2-37 不同阻尼比下二阶系统的单位阶跃响应曲线

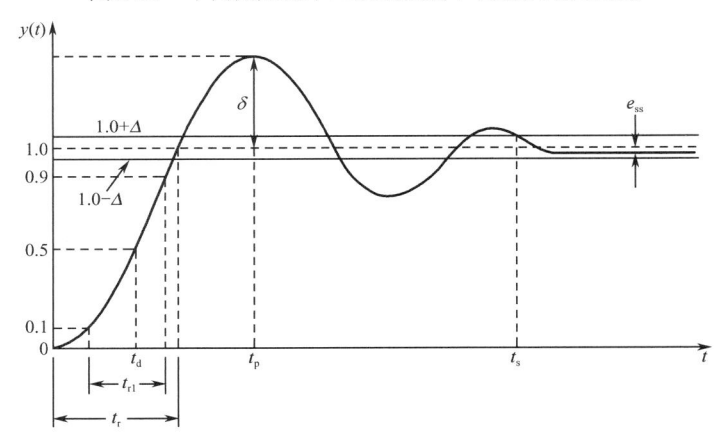

图 2-38 二阶系统的单位阶跃响应曲线

（4）调节时间 t_s：响应到达并停留在稳态值的 ±5%（或 ±2%）误差带内所需要的最短时间。

（5）超调量 σ：输出量的最大值和稳态值之差与稳态值之比的百分数，即

$$\sigma = \frac{h(t_p) - h(\infty)}{h(\infty)} \times 100\% \tag{2-9}$$

（6）稳态误差 e_{ss}：当时间 t 趋于无穷时，系统响应的稳态值与期望值之差。

欠阻尼二阶系统的动态性能指标计算公式如表 2-2 所示。

表 2-2 欠阻尼二阶系统的动态性能指标计算公式

动态性能指标	二阶系统（$0 < \zeta < 1$）
延迟时间 t_d	$t_d = \dfrac{1 + 0.7\zeta}{\omega_n}$
上升时间 t_r	$t_r = \dfrac{\pi - \beta}{\omega_n \sqrt{1-\zeta^2}}$，$\beta = \arccos\zeta$ （欠阻尼二阶系统）

续表

动态性能指标	二阶系统（$0<\zeta<1$）
峰值时间 t_p	$t_p = \dfrac{\pi}{\omega_n\sqrt{1-\zeta^2}}$
调节时间 t_s	$t_s = \dfrac{3.5}{\zeta\omega_n}$，取 $\Delta=5\%$；$t_s = \dfrac{4}{\zeta\omega_n}$，取 $\Delta=2\%$
超调量 σ	$\sigma = e^{-\pi\zeta/\sqrt{1-\zeta^2}} \times 100\%$

三、实验内容

1. 线路搭建

（1）在自动控制原理实验箱上用运算放大器搭接一个模拟二阶系统，其系统方框图如图 2-39 所示。

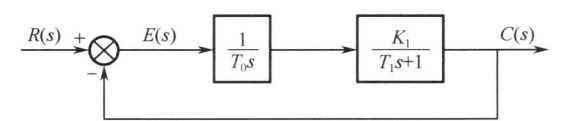

图 2-39 二阶系统方框图

系统开环传递函数为

$$G(s) = \dfrac{K_1}{T_0 s(T_1 s+1)} = \dfrac{K}{s(T_1 s+1)} \qquad (2\text{-}10)$$

其中，$K = \dfrac{K_1}{T_0}$。

闭环传递函数为

$$\Phi(s) = \dfrac{K}{s(T_1 s+1)+K} = \dfrac{K}{T_1 s^2 + s + K} = \dfrac{\omega_n^2}{s^2 + 2\zeta\omega_n s + \omega_n^2} \qquad (2\text{-}11)$$

其中，$\omega_n = \sqrt{K/T_1} = \sqrt{K_1/(T_0 T_1)}$，$\zeta = \dfrac{1}{2}\sqrt{T_0/(K_1 T_1)}$。

对应图 2-39 的模拟电路图如图 2-40 所示。

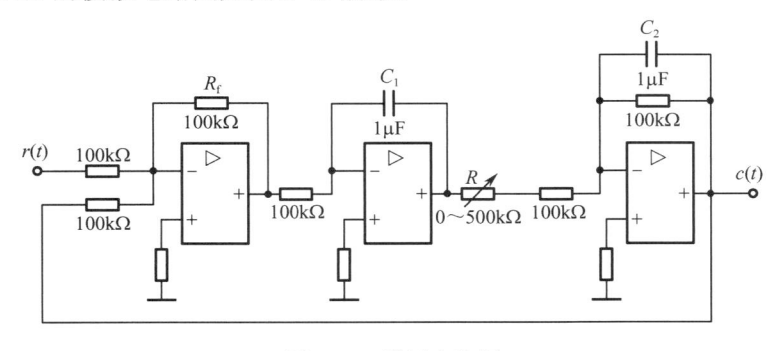

图 2-40 模拟电路图

（2）改变系统结构参数（模拟电路中的变阻器阻值 R），观察不同 R 值对系统动态性能有何影响。在表 2-3 中记录三种典型动态响应特性曲线（过阻尼、欠阻尼、临界阻尼）及相应的 R 值。（当 R=300kΩ 时，$\zeta=1$；当 R<300kΩ 时，$0<\zeta<1$；当 R>300kΩ 时，$\zeta>1$。）

表 2-3　二阶系统实验数据记录表

ζ	0.5	0.707	1
ω_n			
R	0kΩ	100kΩ	300kΩ
σ 理论			
σ 实测			
t_p 理论			
t_p 实测			
t_s 理论			
t_s 实测			
阶跃响应曲线			

（3）根据欠阻尼系统阶跃响应曲线及实测 σ、t_s 等指标倒推出系统的传递函数并与由模拟电路计算出的传递函数进行比较分析。

（4）对实验结果进行分析，并得出结论。

2．MATLAB 仿真

由上述实验内容可知，本实验通过改变无阻尼自然频率 ω_n 和阻尼比 ζ 来研究两个参数对系统的影响。

（1）打开 MATLAB 软件的 Simulink 组件，创建空白模型，如图 2-41 所示。

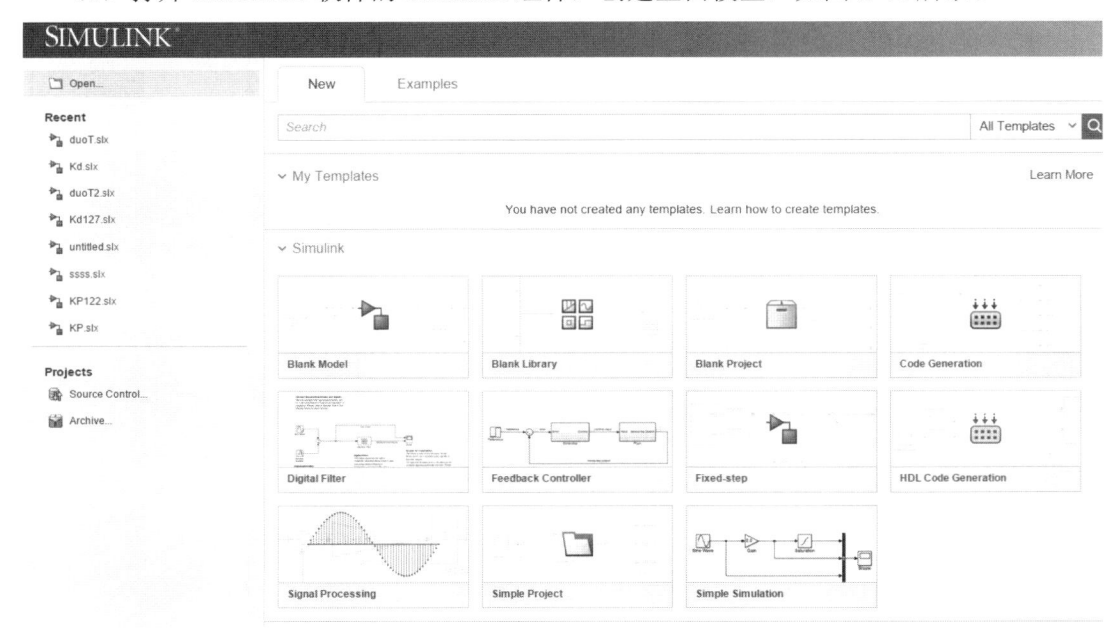

图 2-41　MATLAB 仿真步骤（1）

（2）进入 Simulink 界面后，即可进行建模仿真，选择界面上方的库浏览器，不同的 MATLAB 版本界面可能不同，但库浏览器的图标都是相同的，如图 2-42 所示。

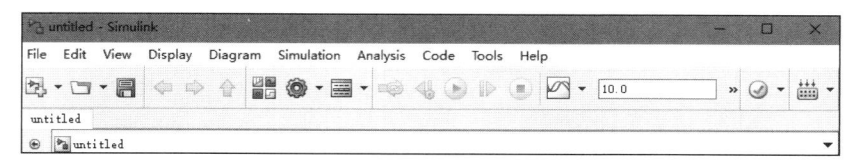

图 2-42 MATLAB 仿真步骤（2）

（3）在库浏览器中找到阶跃函数，阶跃函数位于库浏览器中的 Sources 当中，将之拖曳至模型中，如图 2-43 所示。

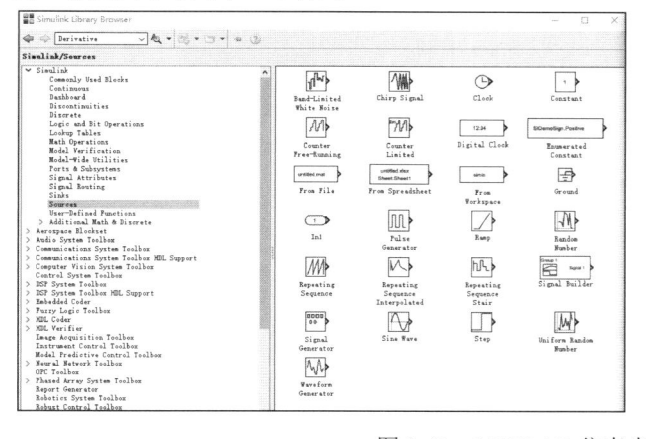

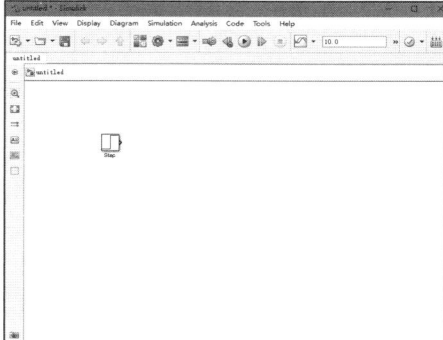

图 2-43 MATLAB 仿真步骤（3）

（4）添加 Transfer Fcn 模块，如图 2-44 所示。

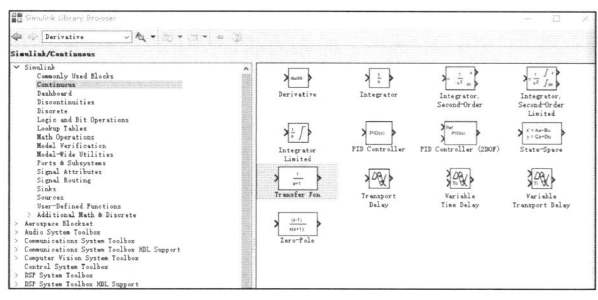

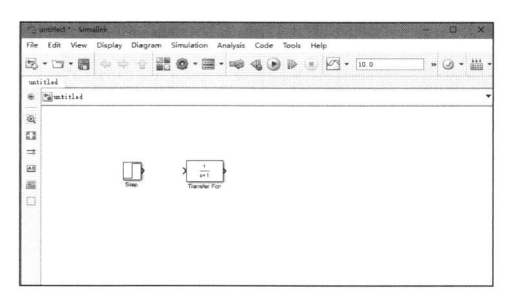

图 2-44 MATLAB 仿真步骤（4）

（5）添加 Scope 模块用来观察波形，如图 2-45 所示。

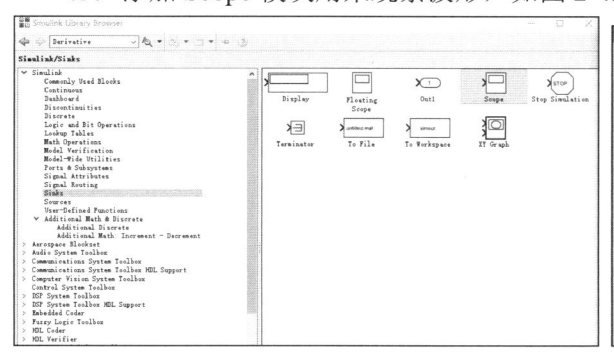

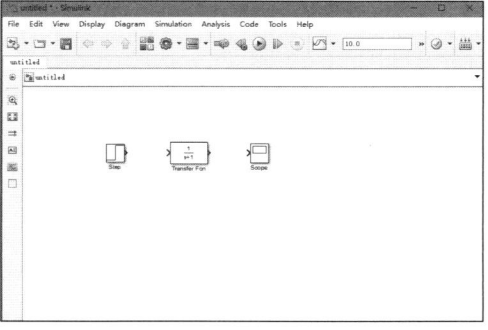

图 2-45 MATLAB 仿真步骤（5）

(6) 添加 Bus Creator 模块来观察波形的变化，如图 2-46 所示。

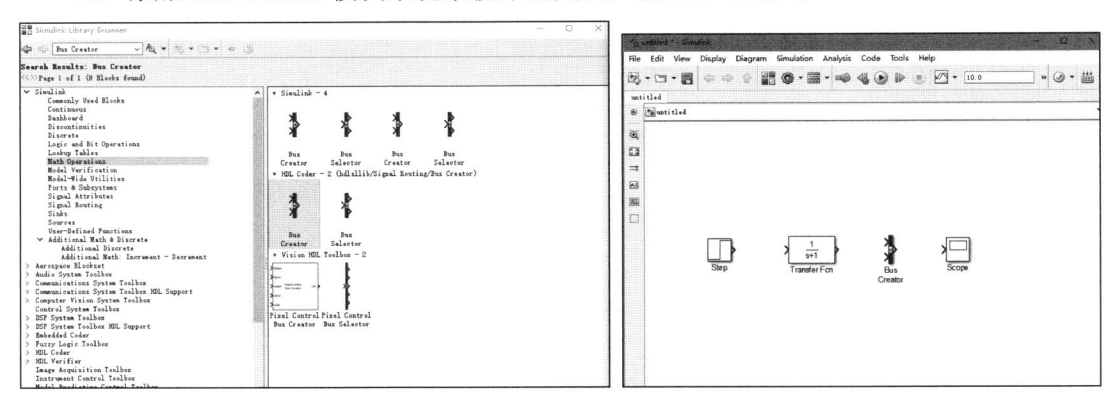

图 2-46　MATLAB 仿真步骤（6）

(7) 将模块都添加完成后，即可将线路进行连接，如图 2-47 所示。

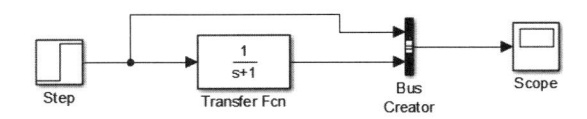

图 2-47　MATLAB 仿真步骤（7）

(8) 通过改变比值 R_2/R_1，可以改变二阶系统的阻尼比。改变 R_C 值可以改变无阻尼自然频率 ω_n。电阻 R 取 100kΩ，电容 C 分别取 1μF 和 0.1μF，可得两个无阻尼自然频率 ω_n。

根据实验指导书表格当中的要求，先取 R_1 = 100kΩ，R_2 分别为 0kΩ、50kΩ、100kΩ 和 200kΩ，R = 100kΩ，C = 1μF，此时 ω_n = 10rad/s，ζ 分别为 0、0.25、0.5、1；对应修改模块参数即可。以 ζ=0.5，ω_n =10rad/s 为例，通过计算可得 $G(s)$=100/(s^2+10s+100)，在 Simulink 中修改为对应参数，如图 2-48 所示。

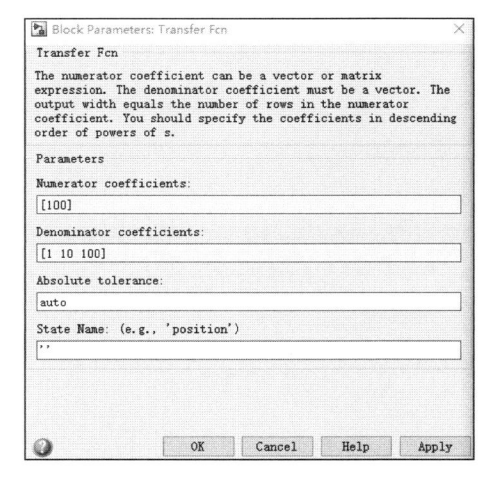

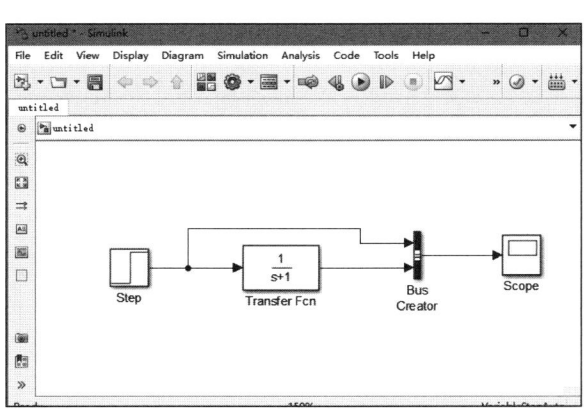

图 2-48　MATLAB 仿真步骤（8）

(9) 将 Transfer Fcn 模块放大即可看到参数已经改变，此时单击运行图标按钮，观察 Scope 模块的波形即可，如图 2-49 所示。

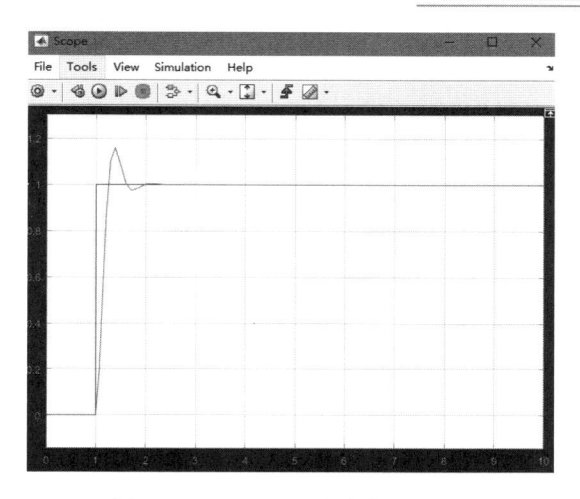

图 2-49　MATLAB 仿真步骤（9）

（10）选择模块并复制粘贴，再修改对应参数，即可观察到不同波形，可分析 ζ 和 ω_n 对系统的影响，如图 2-50 所示。

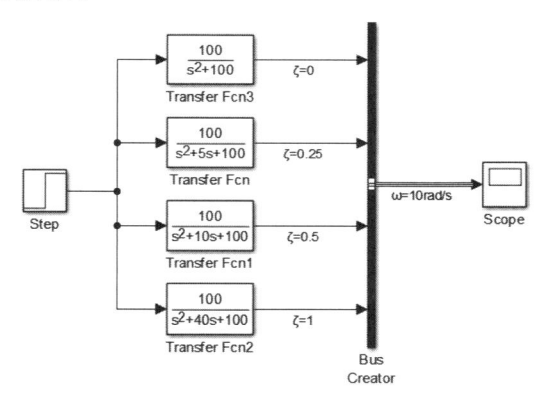

图 2-50　MATLAB 仿真步骤（10）

（11）双击【Scope】模块，可以观察到波形上方出现相对应的参数值，以便分析和观察波形，若需调整波形的颜色、粗细等相关参数，选择【View】菜单命令后在【Style:Scope】对话框中进行更改，如图 2-51 所示。

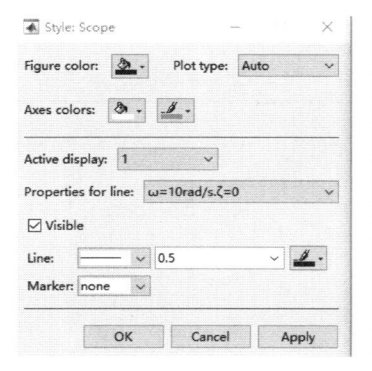

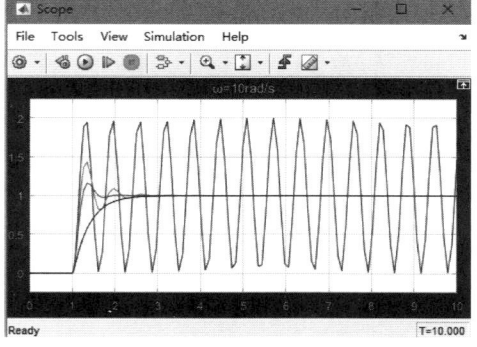

图 2-51　MATLAB 仿真步骤（11）

四、实验报告要求

（1）画出实验模拟电路图和对应的方框图。
（2）记录实验数据和波形。
（3）将实验结果与理论值进行比较、分析。
（4）通过对典型二阶系统动态响应的分析，说明典型二阶系统参数变化与系统性能间的关系。

2.3.3 实验三 线性系统的稳定性分析

在经济高度发展的今天，稳定性的重要性贯穿着国家、社会及个人的多个领域。国家的基础设施，如电网、交通系统、通信网络等，是维持国家正常运转的基石。这些系统的稳定性直接关系到国家安全和社会秩序。一旦系统出现不稳定，就可能导致电力中断、交通瘫痪、通信失效等严重后果，进而威胁到国家安全和社会稳定。

另外，国家的经济发展也高度依赖系统的稳定性。金融系统、物流系统、生产系统等都是国家经济的重要组成部分，这些系统的稳定运行对保障经济活动的正常进行、促进经济增长具有重要意义。一旦系统出现不稳定，就可能导致金融市场动荡、物流中断、生产停滞等问题，进而对经济发展造成严重影响。

同时，对于个人而言，稳定性同样具有重要意义。它是个人生活的基石，为人们提供了安全感和稳定感。在稳定的环境中，人们能够更好地规划自己的未来，追求个人目标和梦想。稳定性也意味着个人权益的保护，包括财产权、人身安全等。当社会保持稳定时，个人的这些权益更有可能得到充分的保障。

一、实验目的

（1）观察系统的不稳定现象。
（2）研究系统参数的变化对典型三阶系统的动态性能及稳定性的影响。

二、实验原理

设线性定常系统的特征方程为

$$D(s) = a_0 s^n + a_1 s^{n-1} + \cdots + a_{n-1} s + a_n = 0 \quad (a_0 > 0) \tag{2-12}$$

根据式（2-12）所示的系统特征方程，可列出劳斯表，如表 2-4 所示。

表 2-4 劳斯表

s^n	a_0	a_2	a_4	a_6	$\cdots$
s^{n-1}	a_1	a_3	a_5	a_7	$\cdots$
s^{n-2}	$c_{13} = \dfrac{a_1 a_2 - a_0 a_3}{a_1}$	$c_{23} = \dfrac{a_1 a_4 - a_0 a_5}{a_1}$	$c_{33} = \dfrac{a_1 a_6 - a_0 a_7}{a_1}$	c_{43}	$\cdots$
s^{n-3}	$c_{14} = \dfrac{c_{13} a_3 - a_1 c_{23}}{c_{13}}$	$c_{24} = \dfrac{c_{13} a_5 - a_1 c_{33}}{c_{13}}$	$c_{34} = \dfrac{c_{13} a_7 - a_1 c_{43}}{c_{13}}$	c_{44}	$\cdots$
$\vdots$	$\vdots$	$\vdots$	$\vdots$	$\vdots$	$\vdots$
s^0	$c_{1,n+1} = a_n$	—	—	—	—

表 2-4 中各系数的计算公式如下：

$$\begin{cases} c_{13} = -\dfrac{1}{a_1}\begin{vmatrix} a_0 & a_2 \\ a_1 & a_3 \end{vmatrix}, \quad c_{23} = -\dfrac{1}{a_1}\begin{vmatrix} a_0 & a_4 \\ a_1 & a_5 \end{vmatrix}, \quad c_{33} = -\dfrac{1}{a_1}\begin{vmatrix} a_0 & a_6 \\ a_1 & a_7 \end{vmatrix}, \quad \cdots \\ c_{14} = -\dfrac{1}{c_{13}}\begin{vmatrix} a_1 & a_3 \\ c_{13} & c_{23} \end{vmatrix}, \quad c_{24} = -\dfrac{1}{c_{13}}\begin{vmatrix} a_1 & a_5 \\ c_{13} & c_{33} \end{vmatrix}, \quad \cdots \end{cases} \tag{2-13}$$

劳斯稳定判据：当且仅当劳斯表第一列所有元素均为正时，系统稳定，且劳斯表第一列各元素符号改变的次数等于特征方程的正实部根的个数。

劳斯稳定判据虽然避免了求解特征根的困难，但有一定的局限性，例如，当系统结构、参数发生变化时，将会使特征方程的阶次、方程的系数发生变化，而且这种变化是很复杂的，因而相应的劳斯表将要重新列写，重新判别系统的稳定性。

如果系统不稳定，应改变系统结构、参数使其变为稳定的系统，代数判据难以直接给出依据。

三、实验内容

图 2-52 所示系统的开环传递函数为 $G(s) = \dfrac{K}{s(T_1 s+1)(T_2 s+1)}$，其中，$K = \dfrac{K_1 K_2}{T_0}$，其模拟电路图如图 2-53 所示。

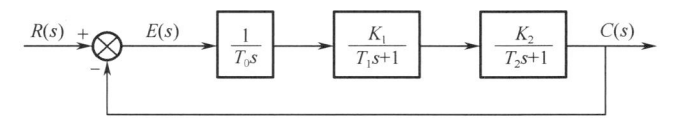

图 2-52　系统结构图

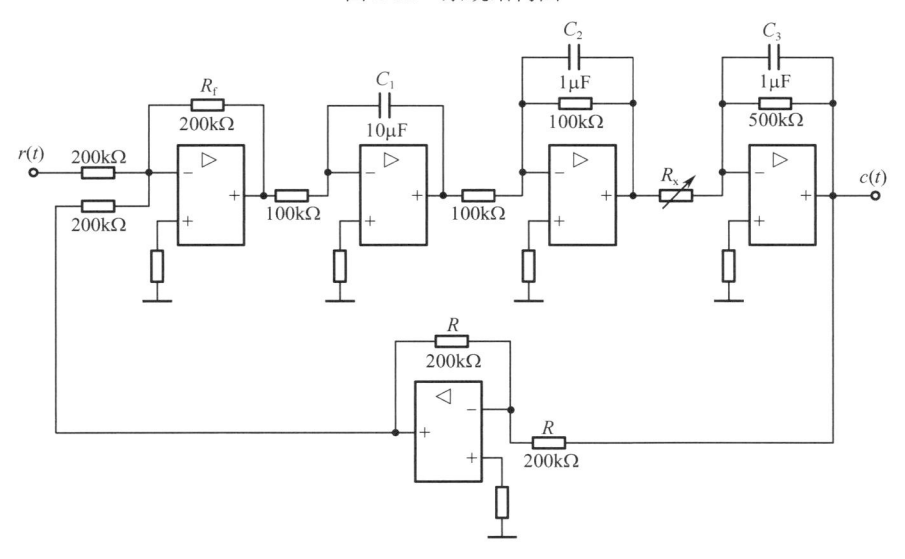

图 2-53　系统模拟电路图

该系统的开环传递函数为 $G(s) = \dfrac{K}{s(0.1s+1)(0.5s+1)}$，$K = 500/R_x$，$R_x$ 的单位为 $k\Omega$。

系统特征方程为 $s^3+12s^2+20s+20K=0$，根据劳斯判据得

系统稳定：$0<K<12$（$R_x>42\text{k}\Omega$）；

系统临界稳定：$K=12$（$R_x=42\text{k}\Omega$）；

系统不稳定：$K>12$（$R_x<42\text{k}\Omega$）。

根据 K 求 R_x。这里 R_x 可模拟电路单元的变阻器，改变 R_x 即可改变 K_2，从而改变 K，分别得到系统不稳定、系统临界稳定和系统稳定三种不同情况下的实验结果。参考实验效果如图 2-54 所示。

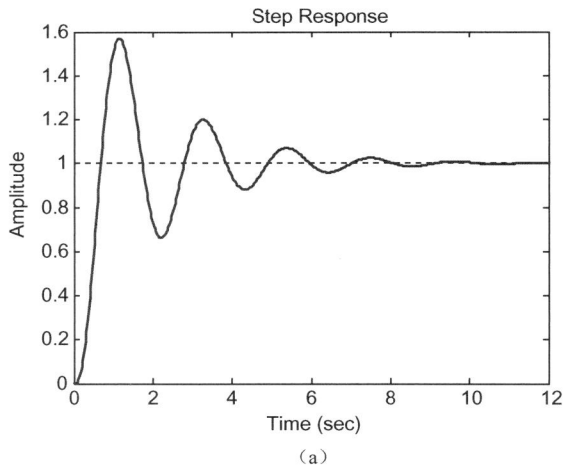

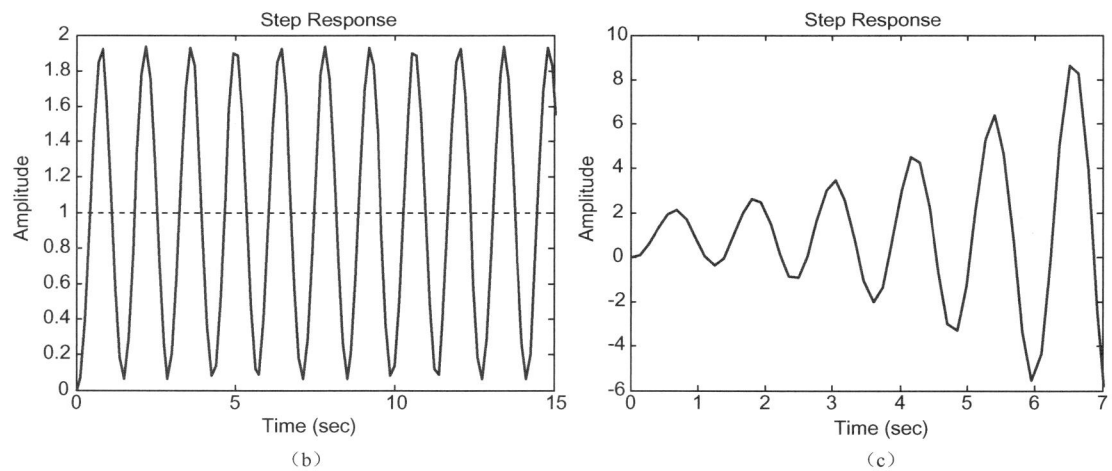

图 2-54 参考实验效果

由于其开环传递函数 $G(s)=\dfrac{K}{s(0.1s+1)(Ts+1)}$，$K_1=R_3/R_2$。其中，$R_2=100\text{k}\Omega$，$R_3=0\sim500\text{k}\Omega$，$T=RC$，$C=1\mu\text{F}$ 或 $C=0.1\mu\text{F}$，故 MATLAB 仿真需要通过建模研究开环增益和时间常数对稳定性的影响，需要阶跃函数、比例增益环节、积分环节、惯性环节、反馈环节及示波器环节等，Simulink 模块添加步骤如图 2-55 所示。

第 2 章 自动控制原理实验

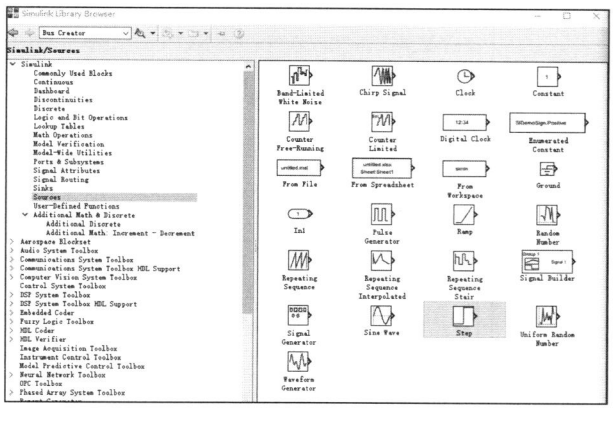

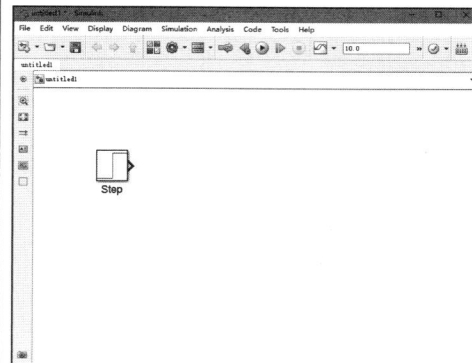

(a)

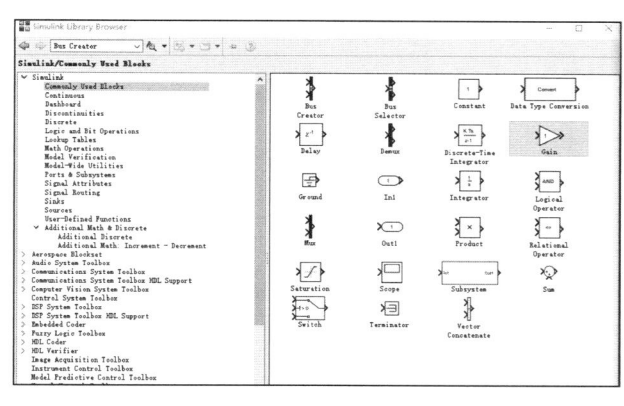

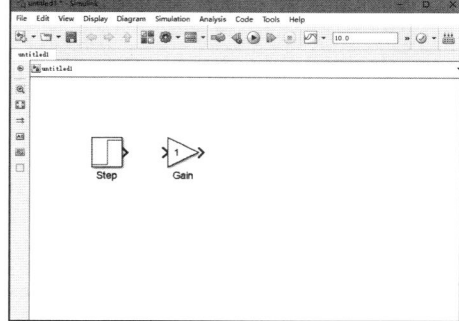

(b)

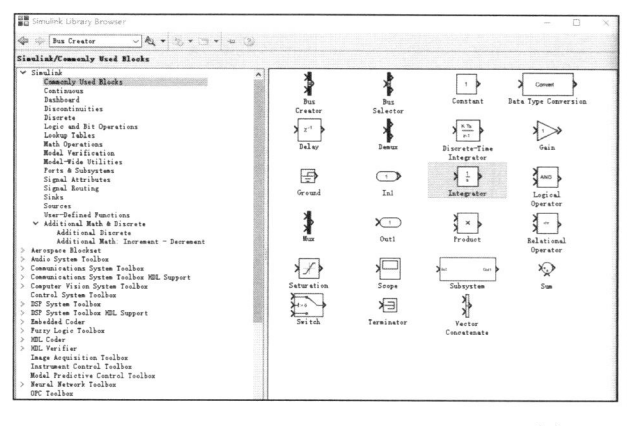

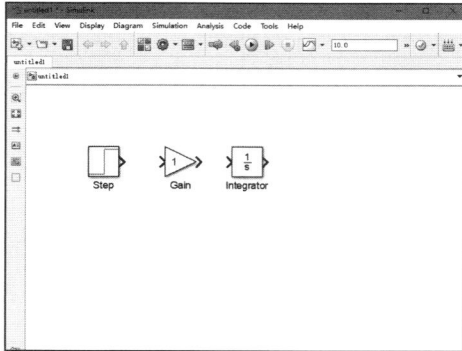

(c)

图 2-55 Simulink 模块添加步骤

(d)

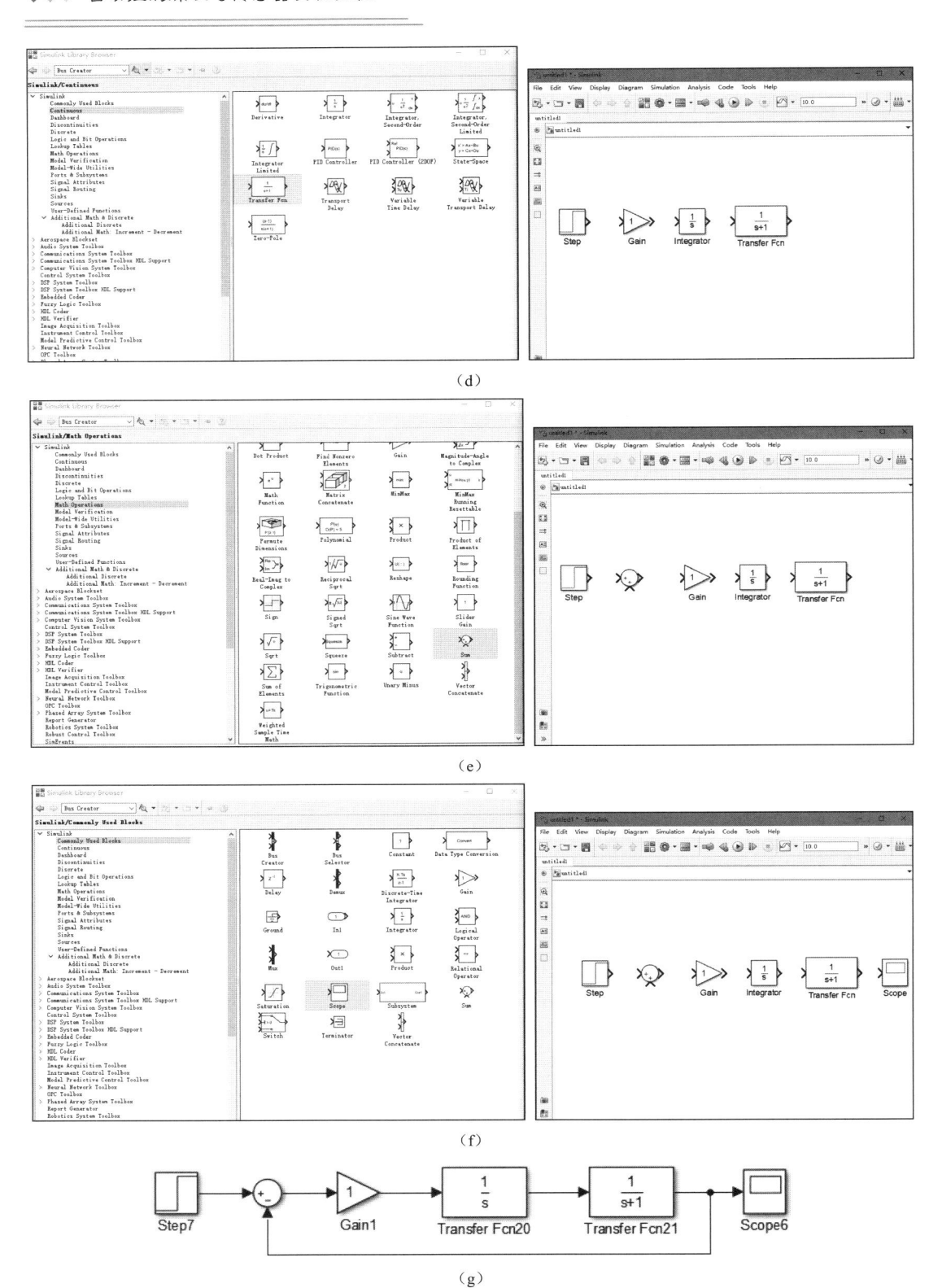

(e)

(f)

(g)

图 2-55　Simulink 模块添加步骤（续）

模块添加到这里就已经完成了，接下来进行参数的更改。根据模拟电路图和开环传递函数，改变电路中的电阻 R_3 和电容 C 即可改变 K 和时间常数 T 的值，首先 C 取 1μF，对应的 T 值为 0.1；R_3 分别取 50kΩ、100kΩ 和 200kΩ，对应的 K 值分别为 5、10 和 20。由此设置参数和连接来构建仿真模型，Simulink 参数修改步骤如图 2-56 所示。

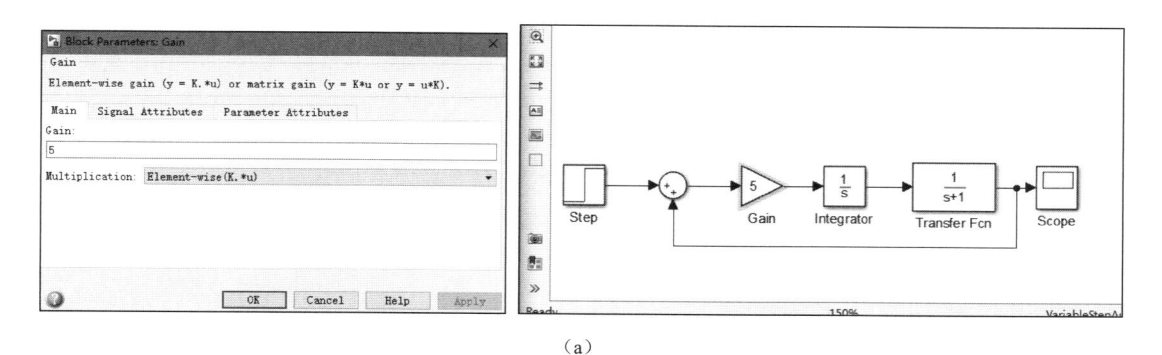

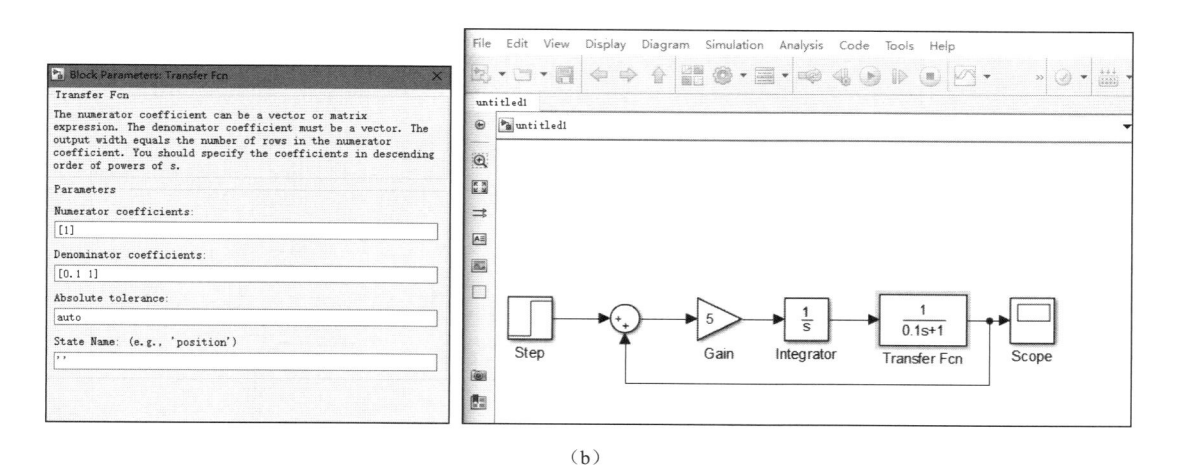

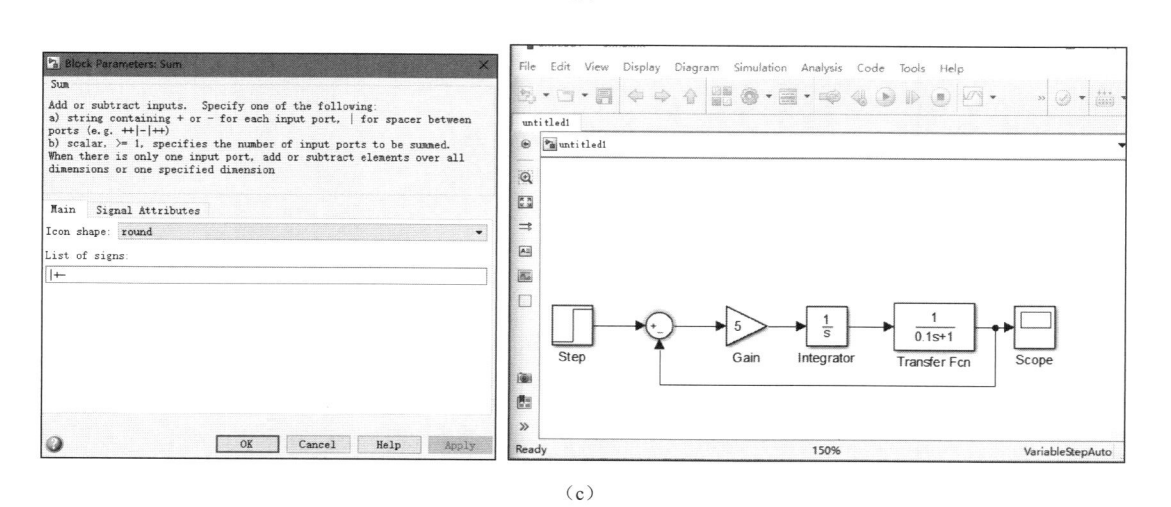

图 2-56 Simulink 参数修改步骤

所有模块更改完成后，单击运行图标按钮开始仿真，注意，每次更改模块参数后，都必须重新单击，示波器波形才会改变。仿真运行的原理图及仿真结果如图 2-57 所示。

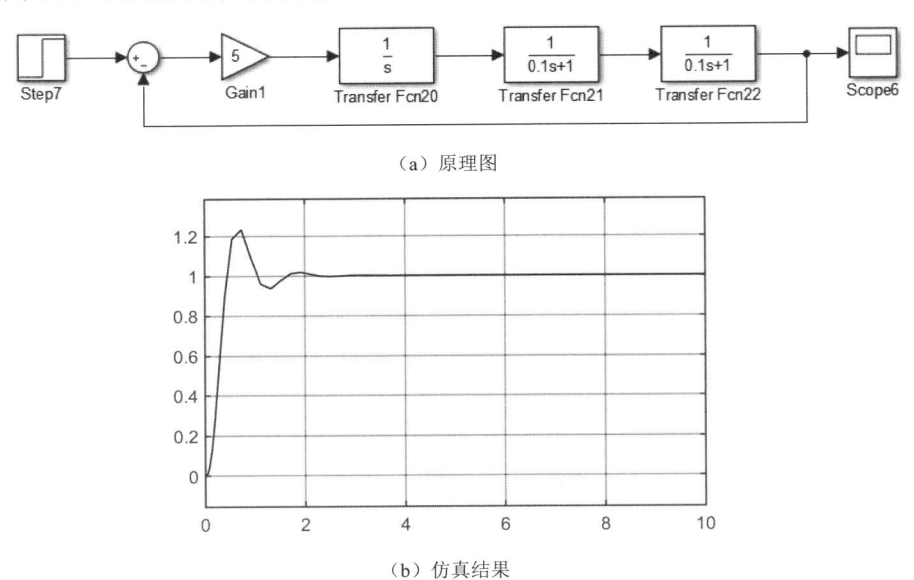

（a）原理图

（b）仿真结果

图 2-57　仿真运行的原理图及仿真结果

通过改变 Gain 的比例增益，即可改变 K 值，研究 K 对系统稳定性的影响，将 $K=5$ 改为 $K=10$，观察波形曲线，仿真运行的原理图及仿真结果如图 2-58 所示。

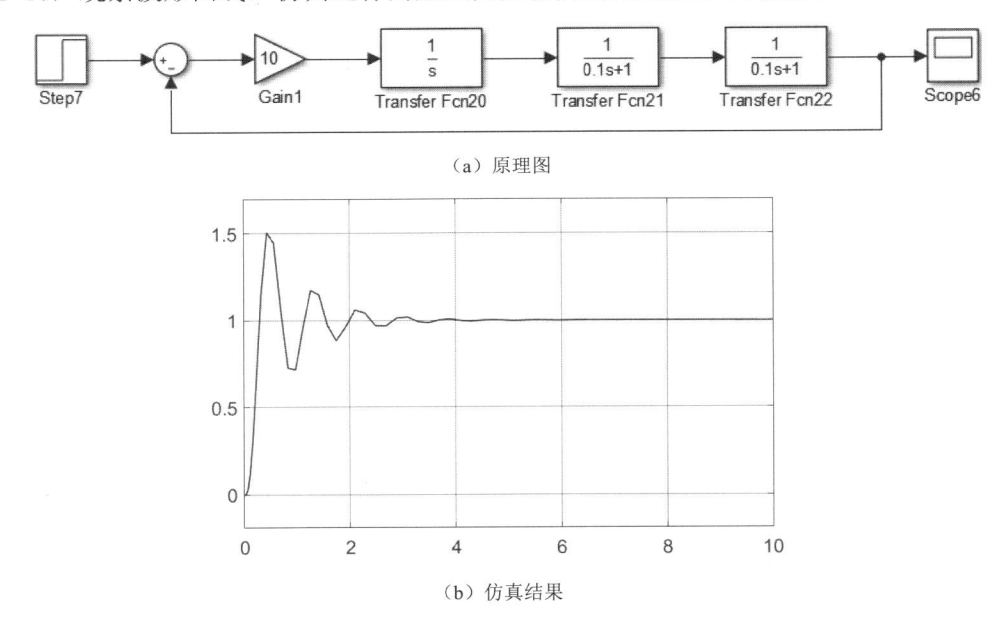

（a）原理图

（b）仿真结果

图 2-58　K 对系统稳定性影响的仿真运行的原理图及仿真结果

研究时间常数 T 对系统的影响，对惯性环节的模块参数进行调整，时间常数 T 由 0.1 改为 0.01，观察波形曲线，仿真运行的原理图和仿真结果如图 2-59 所示。

(a) 原理图

(b) 仿真结果

图 2-59 T 对系统稳定性影响的仿真运行的原理图及仿真结果

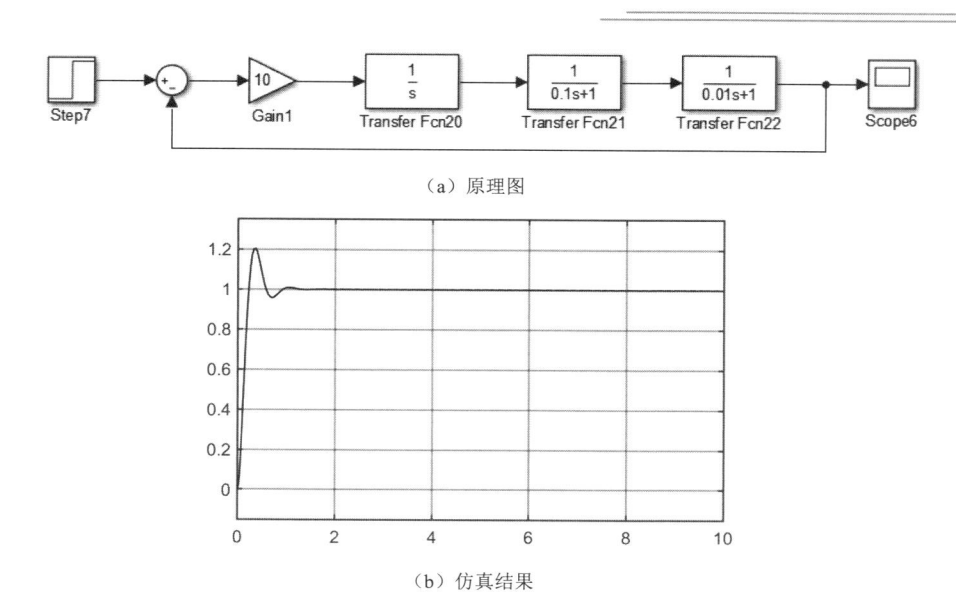

四、实验报告要求

（1）画出实验模拟电路图和对应的方框图。
（2）记录实验数据和波形。
（3）将实验结果与理论值进行比较、分析。

2.3.4 实验四 线性系统的稳态误差

稳态误差是指系统达到稳定状态后，输出与期望输出之间存在的偏差。在控制系统、信号处理、测量技术等众多领域中，稳态误差的大小直接反映了系统的准确性和性能优劣。通过深入分析稳态误差的来源和性质，可以对系统的动态响应、稳定性裕度及抗干扰能力等进行全面评估，从而为系统的优化设计和改进提供有力依据。

在军事领域，导弹制导系统的准确性对成功打击目标至关重要。系统稳态误差的存在可能导致导弹偏离预定轨迹，无法准确打击目标。这种误差可能源于导航系统的微小偏差、风力和重力模型的不准确或控制系统本身的局限性。为了减小稳态误差，需要对制导系统进行精密校准和持续优化，确保导弹在飞行过程中稳定跟踪目标，提高打击精度和作战效果。

在工业自动化领域，生产线的稳定运行对产品质量和生产效率至关重要。系统稳态误差可能导致生产线上的机械设备定位不准确、运行速度不稳定或产品加工精度不达标等问题。这些误差可能源于机械部件的磨损、电气控制系统的干扰或传感器的不精确。为了减小稳态误差，需要定期对生产线进行维护和校准，确保机械设备的精确运行和产品的高质量生产。

在能源领域，电力系统的稳定性对保障供电安全和电能质量至关重要。系统稳态误差可能导致发电机组的输出功率波动、电压和频率的不稳定或电网的负荷分配不均等问题。

这些误差可能源于发电机组的机械和电气特性差异、负荷的随机变化或电网拓扑结构的复杂性。为了减小稳态误差，需要优化电力系统的调度和控制策略，提高发电机组的响应速度和电网的稳定性裕度，确保电力系统的可靠运行和电能质量的稳定供应。

在航空航天领域，轨道控制的精确性对航天器的成功发射和在轨运行至关重要。系统稳态误差可能导致航天器偏离预定轨道、无法准确进行科学实验或与其他航天器进行交会对接等任务。这种误差可能源于地球引力模型的不准确、推进系统的微小偏差或轨道测量设备的局限性。为了减小稳态误差，需要对轨道控制算法进行精确设计和验证，确保航天器在复杂空间环境中的稳定运行。

在环境保护领域，环境监测系统的准确性对评估环境质量、预测污染趋势和制定环保政策至关重要。系统稳态误差可能导致环境监测数据的偏差或失真，进而影响对环境状况的准确判断。这种误差可能源于传感器的灵敏度下降、数据采集设备的故障或数据传输过程中的干扰。为了减小稳态误差，需要加强对环境监测系统的维护和校准工作，确保数据的准确性和可靠性。

一、实验目的

（1）了解不同典型输入信号对同一个系统产生的稳态误差。
（2）了解一个典型输入信号对不同类型系统产生的稳态误差。
（3）研究系统的型次及开环增益 K 对稳态误差的影响。

二、实验原理

稳态误差取决于系统结构参数和输入信号两个因素。

图 2-60 所示为一个单位反馈控制系统，其开环传递函数的一般形式可写作：

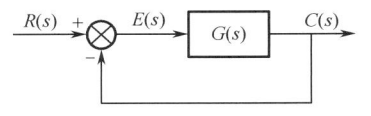

$$G(s) = \frac{K\prod_{i=1}^{m}(\tau_i s + 1)}{s^{\upsilon}\prod_{j=1}^{n-\upsilon}(T_j s + 1)} \quad (2-14)$$

图 2-60 单位反馈控制系统

式中：K 为开环增益（注意式中各括号内的常数项都为 1）；υ 为开环传递函数中包含的积分环节数目，称为系统的型次，或者无差度。

根据 υ 值来区分系统的类型：
当 $\upsilon = 0$ 时，称系统为 0 型系统；
当 $\upsilon = 1$ 时，称系统为 I 型系统；
当 $\upsilon = 2$ 时，称系统为 II 型系统；
⋮
利用终值定理得单位反馈系统的稳态误差为

$$e_{ss} = \lim_{s \to 0} sE(s) = \lim_{s \to 0} s \frac{1}{1+G(s)} R(s) \quad (2-15)$$

可见，稳态误差与输入信号、系统类型及开环增益有关。

反馈控制系统的类型、静态误差系数和输入信号形式之间的关系，如表 2-5 所示。

表 2-5 不同输入信号作用下的稳态误差

系统类型	静态误差系数			阶跃输入 $r(t)=R_0 \cdot 1(t)$ 位置误差 $e_{ss}=\dfrac{R_0}{1+K_p}$	斜坡输入 $r(t)=V_0 t$ 速度误差 $e_{ss}=\dfrac{V_0}{K_v}$	加速度输入 $r(t)=a_0\left(\dfrac{t^2}{2}\right)$ 加速度误差 $e_{ss}=\dfrac{a_0}{K_p}$
	K_p	K_v	K_a			
0	K	0	0	$\dfrac{R_0}{1+K}$	∞	∞
I	∞	K	0	0	$\dfrac{V_0}{K}$	∞
II	∞	∞	K	0	0	$\dfrac{a_0}{K}$

由表 2-5 可知以下两点。

(1) 静态误差系数越大，稳态误差越小，系统跟踪输入信号的能力越强，跟踪精度越高。所以误差系数 K_p、K_v 和 K_a 均从系统本身的结构特征上体现了消除稳态误差的能力。

(2) 系统的型次越高，系统无差度就越高。因此，从控制系统准确度的要求上讲，积分环节似乎越多越好，但这要受系统稳定性的限制。因而实际系统一般不超过两个积分环节。

三、实验内容

1. 线路搭建

1) 0 型二阶系统

0 型二阶系统的方框图和模拟电路图分别如图 2-61 和图 2-62 所示。

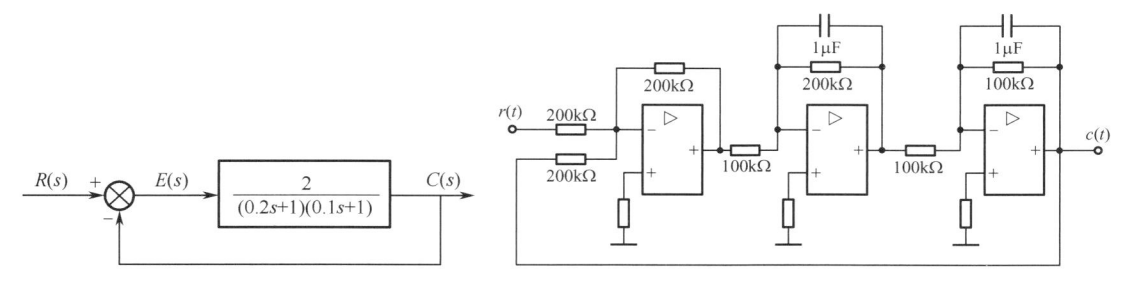

图 2-61 0 型二阶系统的方框图

图 2-62 0 型二阶系统的模拟电路图

(1) 单位阶跃输入。

因为
$$E(s)=\dfrac{R(s)}{1+G(s)} \tag{2-16}$$

所以
$$e_{ss}=\lim_{s\to 0} s \times \dfrac{(0.2s+1)(0.1s+1)}{(0.2s+1)(0.1s+1)+2} \times \dfrac{1}{s}=0.3333 \tag{2-17}$$

(2) 单位斜坡输入。

$$e_{ss}=\lim_{s\to 0} s \times \dfrac{(0.2s+1)(0.1s+1)}{(0.2s+1)(0.1s+1)+2} \times \dfrac{1}{s^2}=\infty \tag{2-18}$$

说明 0 型二阶系统不能跟踪斜坡输入信号，而对于单位阶跃输入，系统有稳态误差。

2) I 型二阶系统

图 2-63 和图 2-64 分别为 I 型二阶系统的方框图和模拟电路图。

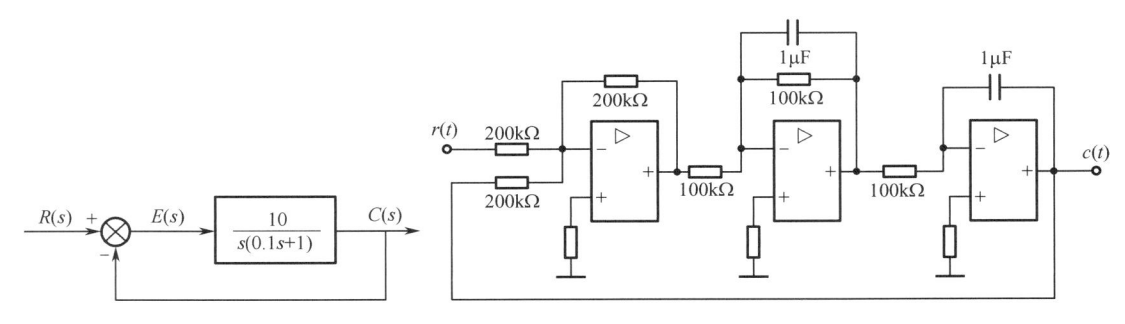

图 2-63　Ⅰ型二阶系统的方框图

图 2-64　Ⅰ型二阶系统的模拟电路图

（1）单位阶跃输入。

因为
$$E(s)=\frac{R(s)}{1+G(s)}=\frac{s(0.1s+1)}{s(0.1s+1)+10}\times\frac{1}{s} \quad (2-19)$$

所以
$$e_{ss}=\lim_{s\to 0}s\times\frac{s(0.1s+1)}{s(0.1s+1)+10}\times\frac{1}{s}=0 \quad (2-20)$$

（2）单位斜坡输入。
$$e_{ss}=\lim_{s\to 0}s\times\frac{s(0.1s+1)}{s(0.1s+1)+10}\times\frac{1}{s^2}=0.1 \quad (2-21)$$

在单位阶跃输入时，Ⅰ型二阶系统的稳态误差为 0；而在单位斜坡输入时，Ⅰ型二阶系统的稳态误差为 0.1。

3）Ⅱ型二阶系统

图 2-65 和图 2-66 分别为Ⅱ型二阶系统的方框图和模拟电路图。

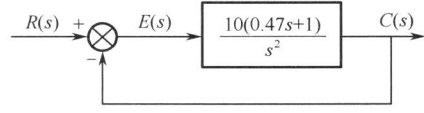

图 2-65　Ⅱ型二阶系统的方框图

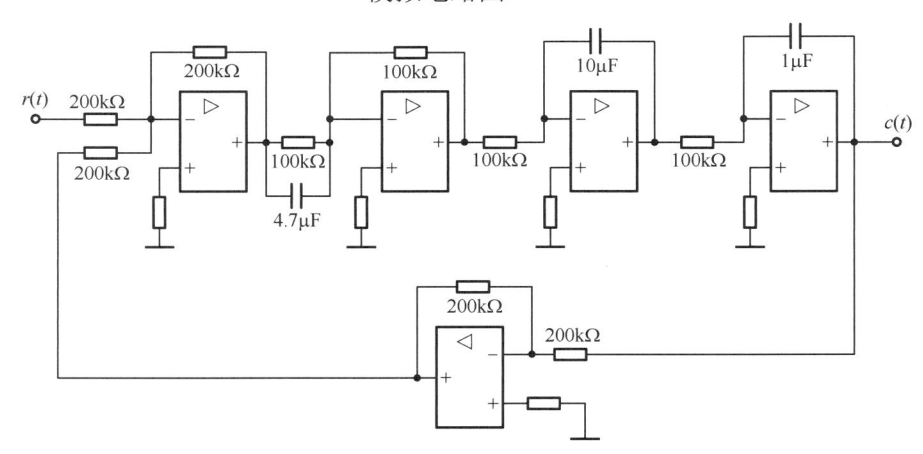

图 2-66　Ⅱ型二阶系统的模拟电路图

（1）单位斜坡输入。

因为
$$E(s)=\frac{R(s)}{1+G(s)}=\frac{s^2}{s^2+10(0.47s+1)}\times\frac{1}{s^2} \quad (2-22)$$

所以

$$e_{ss} = \lim_{s \to 0} s \times \frac{s^2}{s^2 + 10(0.47s + 1)} \times \frac{1}{s^2} = 0 \tag{2-23}$$

（2）单位抛物线输入。

$$e_{ss} = \lim_{s \to 0} s \times \frac{s^2}{s^2 + 10(0.47s + 1)} \times \frac{1}{s^3} = 0.1 \tag{2-24}$$

在单位斜坡输入时，Ⅱ型二阶系统的稳态误差为 0；而在单位抛物线输入时，Ⅱ型二阶系统的稳态误差为 0.1。

2．MATLAB 仿真

（1）K=0.1 时 0 型二阶系统的原理图如图 2-67 所示，获得的 Scope 仿真结果如图 2-68 所示。

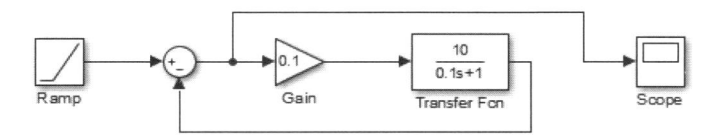

图 2-67　K=0.1 时 0 型二阶系统的原理图

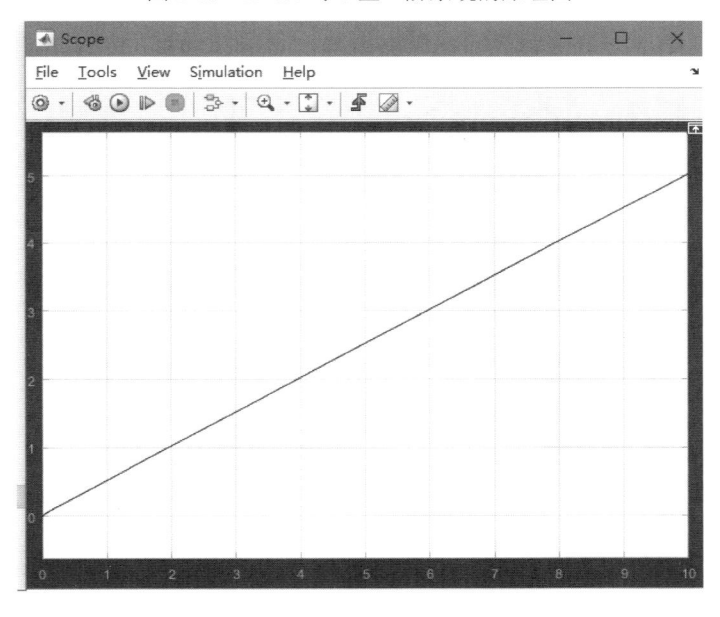

图 2-68　K=0.1 时 0 型二阶系统的仿真结果

（2）K=1 时 0 型二阶系统的原理图如图 2-69 所示，获得的 Scope 仿真结果如图 2-70 所示。

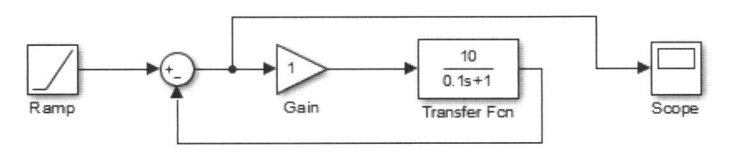

图 2-69　K=1 时 0 型二阶系统的原理图

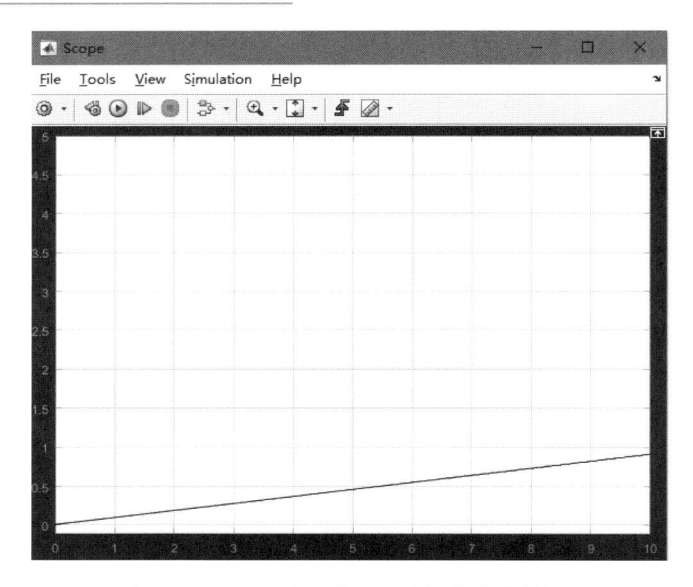

图 2-70 K=1 时 0 型二阶系统的仿真结果

（3）K=10 时 0 型二阶系统的原理图如图 2-71 所示，获得的 Scope 仿真结果如图 2-72 所示。

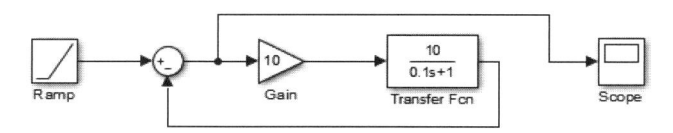

图 2-71 K=10 时 0 型二阶系统的原理图

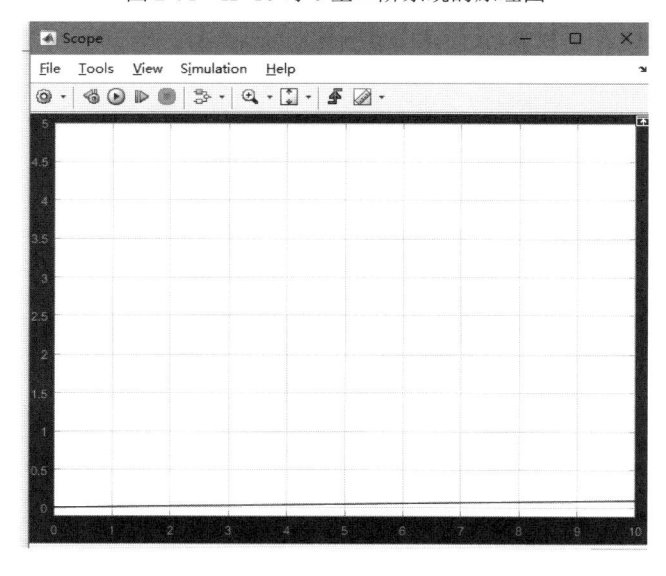

图 2-72 K=10 时 0 型二阶系统的仿真结果

（4）K=0.1 时 I 型二阶系统的原理图如图 2-73 所示，获得的 Scope 仿真结果如图 2-74 所示。

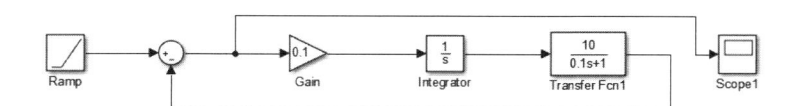

图 2-73　K=0.1 时 I 型二阶系统的原理图

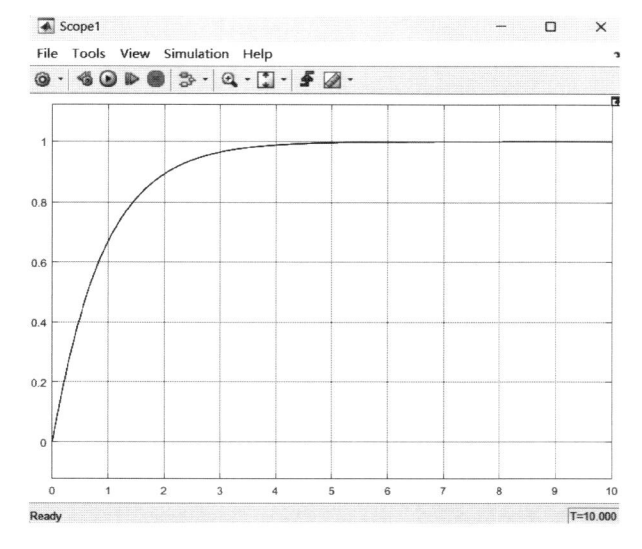

图 2-74　K=0.1 时 I 型二阶系统的仿真结果

（5）K=1 时 I 型二阶系统的原理图如图 2-75 所示，获得的 Scope 仿真结果如图 2-76 所示。

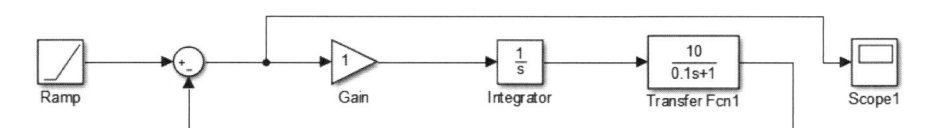

图 2-75　K=1 时 I 型二阶系统的原理图

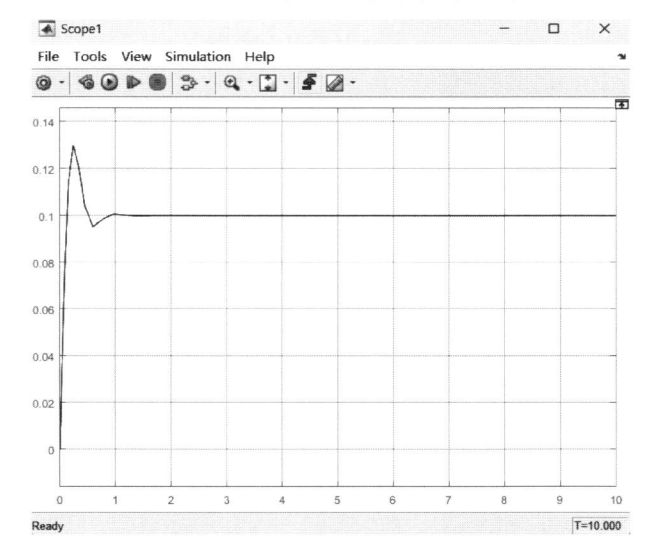

图 2-76　K=1 时 I 型二阶系统的仿真结果

（6）K=10 时 I 型二阶系统的原理图如图 2-77 所示，获得的 Scope 仿真结果如图 2-78 所示。

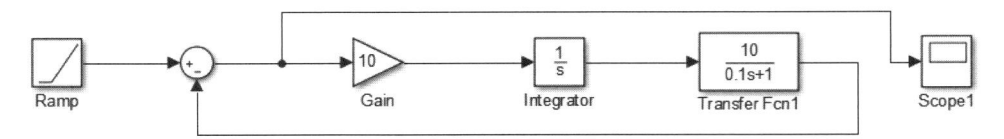

图 2-77　K=10 时 I 型二阶系统的原理图

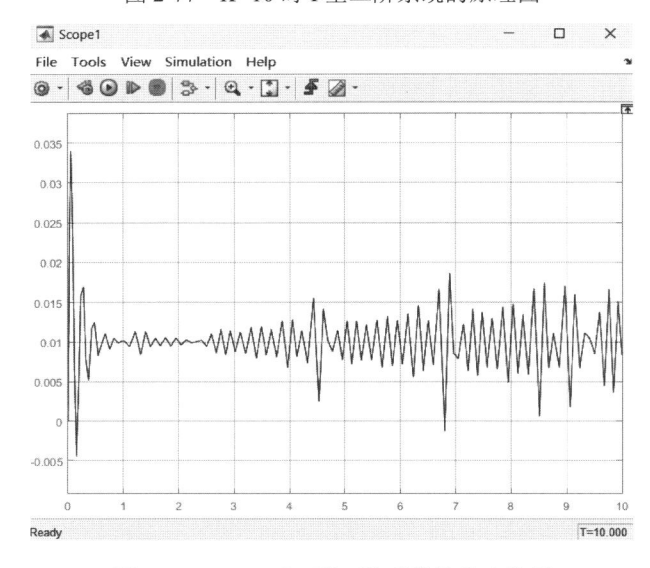

图 2-78　K=10 时 I 型二阶系统的仿真结果

四、实验报告要求

（1）画出 0 型二阶系统的方框图和模拟电路图，并由实验测得系统在单位阶跃输入和单位斜坡输入时的稳态误差。

（2）画出 I 型二阶系统的方框图和模拟电路图，并由实验测得系统在单位阶跃输入和单位斜坡输入时的稳态误差。

（3）画出 II 型二阶系统的方框图和模拟电路图，并由实验测得系统在单位斜坡输入和单位抛物线输入时的稳态误差。

2.3.5　实验五　典型环节的频率特性的测试

频率特性是系统在不同频率输入信号下的响应特性，对于理解和评估系统的性能至关重要。通过观察系统在不同频率下的增益和相位变化，可以揭示系统的稳定性、阻尼特性及共振现象等关键动态特性。将动态特性的分析结果运用在控制系统设计中，根据被控对象的频率特性来选择合适的控制器参数，可以实现期望的系统性能。因此分析系统的频率特性对于理解系统的动态行为、优化控制系统设计及实现故障诊断和预防性维护都具有重要意义。

在雷达系统中，目标检测是雷达的基本功能之一。系统频率特性对雷达信号的发射、接收和处理过程具有重要影响。雷达信号的频率特性决定了其在空间中的传播特性、目标回波的强度和多普勒频移等参数。为了实现对目标的准确检测和跟踪，雷达系统需要具备宽频带、高灵敏度和高分辨率等性能特点。通过对雷达系统各组件的频率特性进行精确设计和优化调整，可以提高雷达系统的目标检测能力和抗干扰性能，为军事侦察、气象观测等提供有力支持。

在电力系统中，谐波是指频率为基波频率整数倍的电压或电流分量。谐波的存在会对电力系统的稳定性、电能质量和设备寿命产生不良影响。系统的频率特性分析在谐波检测和治理中发挥着重要作用。通过对电力系统各环节的频率特性进行精确测量和分析，可以准确识别出谐波源的位置和类型，进而采取有效的滤波措施来抑制谐波的传播和影响。这有助于保障电力系统的安全稳定运行，提高电能质量，延长设备使用寿命。

在通信系统中，信号传输的可靠性和稳定性对于保障通信质量至关重要。系统频率特性对信号的调制、解调、滤波和放大等处理过程具有重要影响。通信信号的频率特性决定了其在传输过程中的衰减、失真和干扰等性能表现。为了优化通信系统的性能，工程师需要对信号的频率特性进行深入分析，选择合适的调制方式、滤波器类型和放大器增益等参数，确保信号在传输过程中具有较低的误码率和较高的信噪比，从而提高通信系统的可靠性和稳定性。

在机械工程中，振动是机械设备运行过程中不可避免的现象。机械振动系统的频率特性对于设备的运行状态监测和故障诊断具有重要意义。通过对机械设备振动信号的频率特性进行分析，可以提取出设备的振动特征频率、幅值和相位等信息，进而判断设备的运行状态并判断是否存在故障。

一、实验目的

（1）了解典型环节和系统的频率特性曲线的测试方法，理解频率特性的物理意义。
（2）掌握根据实验求得的频率特性曲线求相应的系统传递函数的方法。

二、实验原理

1. 频率特性的概念

频率响应是指系统对正弦输入信号的稳态响应。如图 2-79 所示，对于线性定常系统，当输入正弦信号 $A_r \sin(\omega t)$ 时，将会输出同频率的正弦信号 $A_c \sin(\omega t + \varphi)$，不断改变输入信号频率 ω，当 ω 从 $0 \to +\infty$ 变化时，输出与输入正弦幅值之比 A_c/A_r 及相位差 φ 将随之变化。

在正弦输入信号的作用下，系统输出的稳态分量与输入量的复数之比称为频率特性，一般用 $G(j\omega)$ 表示。相应稳态输出幅值与输入幅值之比随输入信号频率变化的关系特性称为幅频特性，记为 $A(\omega)$ 或 $|G(j\omega)|$；其稳态输出信号与输入信号的相位差随输入信号频率变化的关系特性称为相频特性，记为 $\varphi(\omega)$ 或 $\angle G(j\omega)$。幅频特性 $A(\omega)$ 和相频特性 $\varphi(\omega)$ 统称系统或环节的频率特性。和传递函数一样，频率特性反映了系统的运动规律，加上频率特性可以用图形方式表达，又可以通过实验获得，因此为控制系统的分析和设计提供了新的途径。

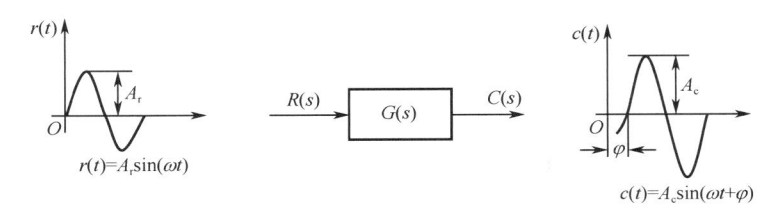

图 2-79 频率响应

2. 频率特性的几何表达法

频率特性的表达法有解析表达法和几何表达法。常用的几何表达法有极坐标图和对数坐标图。

1) 极坐标图

当 ω 从 $0 \to +\infty$ 时，$G(j\omega)$ 的端点在复平面相对应的轨迹就是频率特性的极坐标图。极坐标图又称奈奎斯特图（Nyquist 图）或幅相频率特性曲线。

优点：可在一张图上表示幅值及相位。

缺点：几个串联环节的极坐标图，要按复数相乘等于幅值相乘、幅角相加的原则，计算出总的幅值和幅角，然后绘图，不能简单地叠加。

2) 对数坐标图

对数坐标图是将幅值对频率的关系和相位对频率的关系分别画在两张图上，用半对数坐标纸绘制，频率坐标按对数分度，幅值和幅角坐标则按线性分度。对数坐标图又称伯德图（Bode 图）或对数频率特性曲线。

伯德图幅值所用的单位分贝（dB）定义为

$$n(\mathrm{dB}) = 20 \lg N \tag{2-25}$$

若 $\omega_2 = 10\omega_1$，则称从 ω_1 到 ω_2 为十倍频程，以 "dec"（decade）表示。

采用对数坐标图有如下优点。

（1）由于频率坐标按对数分度，可以展宽低频段，压缩高频段，并可以合理利用纸张，以有限的纸张空间表示很宽的频率范围。

（2）由于幅值采用分贝作为单位，故可简化乘除运算为加减运算。

（3）幅频特性往往用折线近似曲线，系统的幅频特性将组成该系统各环节幅频特性折线的叠加使作图非常方便。

3. 频率域稳定判据

1) 奈奎斯特稳定判据

闭环控制系统稳定的充要条件是，当 ω 从 $0 \to +\infty$ 变化时，开环幅相频率特性曲线 $G(j\omega)H(j\omega)$ 逆时针方向包围（-1，j0）点 $\dfrac{p}{2}$ 圈。p 为位于右半 s 平面的开环极点数。

若系统开环稳定，即 $p = 0$ 时，开环幅相频率特性曲线不包围（-1，j0）点，则系统闭环稳定。

2) 对数频率稳定判据

若系统开环传递函数存在 p 个位于右半 s 平面的开环极点，则系统闭环稳定的充分必要条件为：在对数幅频特性曲线 $L(\omega) \geq 0$ 的所有频率范围内，对数相频特性曲线 $\varphi(\omega)$ 对 -180° 线的正负穿越次数之差等于 $\frac{p}{2}$（由下往上为穿越-180°线为正穿越，反之为负穿越；从-180°线开始往上称为半个正穿越；反之称为半个负穿越）。

若系统开环稳定，闭环系统稳定的充分条件为：在开环对数幅频特性曲线 $L(\omega)\geq 0$ 的所有频率范围内，开环对数相频特性曲线 $\varphi(\omega)$ 不穿越-180°线。

应用频率域稳定判据不需要求取闭环系统的特征根，而是通过应用分析法或频率特性实验法获得开环频率特性曲线，进而分析闭环系统的稳定性。这种方法在工程上得到了广泛应用，其原因之一，是当系统某些环节的传递函数无法用分析法列写时，可以通过实验获得这些环节的频率特性曲线。整个系统的开环频率特性曲线也可利用实验获得，进而分析系统闭环后的稳定性；其原因之二，是频率域稳定判据可以解决诸如包含延迟环节的系统稳定性问题。另外，频率域稳定判据还能定量指出系统的稳定储备，即系统相对稳定的定量指标，以及进一步提高和改善系统的动态性能（包括稳定性）。

4．稳定裕度

1）相位裕度 γ

当 ω 等于截止频率 ω_c（$\omega_c > 0$）时，开环相频特性距 $-180°$ 线的相位差，称为相位裕度，即

$$\gamma = 180° + \angle G(j\omega_c)H(j\omega_c) \tag{2-26}$$

式中，ω_c 满足 $|G(j\omega_c)H(j\omega_c)| = 1$。

2）幅值裕度 h 或 h（dB）

当 ω 为相位截止频率 ω_x 时，开环幅频特性 $|G(j\omega)|$ 的倒数，称为幅值裕度，即

$$h = \left|\frac{1}{G(j\omega_x)}\right| \tag{2-27}$$

在伯德图上，幅值裕度用分贝（dB）表示为

$$h(\text{dB}) = 20\lg h = 20\lg\left|\frac{1}{G(j\omega_x)}\right| = -20\lg|G(j\omega_x)| \tag{2-28}$$

当相位裕度 $\gamma > 0$，幅值裕度 $h(\text{dB}) > 0$（$h > 1$）时，系统稳定。式中，ω_x 满足

$$\angle G(j\omega_x)H(j\omega_x) = -180° \tag{2-29}$$

相位裕度 γ 和幅值裕度 h 的定义如图 2-80 所示。

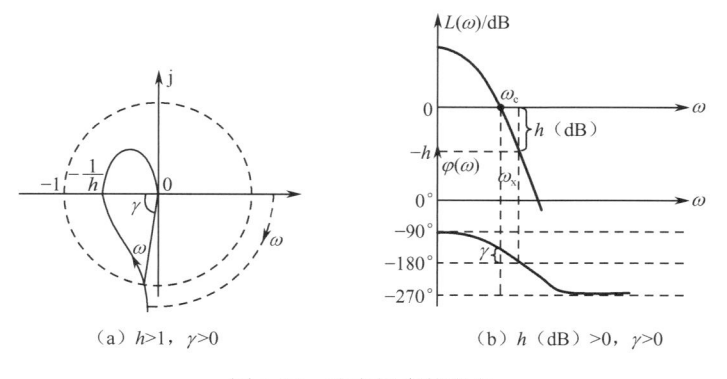

(a) $h>1$，$\gamma>0$ (b) h（dB）>0，$\gamma>0$

图 2-80 稳定裕度的定义

相位裕度和幅值裕度单独使用都不足以说明系统的稳定程度,有时必须同时给出 γ 与 h 来说明系统的稳定程度。相位裕度和系统阻尼有直接关系,因此往往被作为系统动态性能设计指标之一。在工程实际中,为了既保证系统具有足够的稳定性,又能得到较为满意的动态性能,一般希望:相位裕度 $\gamma=30°\sim 60°$;幅值裕度 $h(\text{dB})>6\text{dB}$,即 $h>2$。

5. 频域性能指标及其与时域性能指标的关系

1）开环频率特性性能指标

对于单位负反馈的最小相位系统（开环系统无右半 s 平面零极点）,系统开环伯德图能够确切地给出闭环系统的稳定性、稳定裕度等信息,而且能近似估算闭环系统的动态特性和稳态特性,在定性分析闭环系统性能时,通常将系统开环对数频率特性曲线大致分成低、中、高三个频段,理想开环传递函数的对数频率特性曲线如图 2-81 所示。

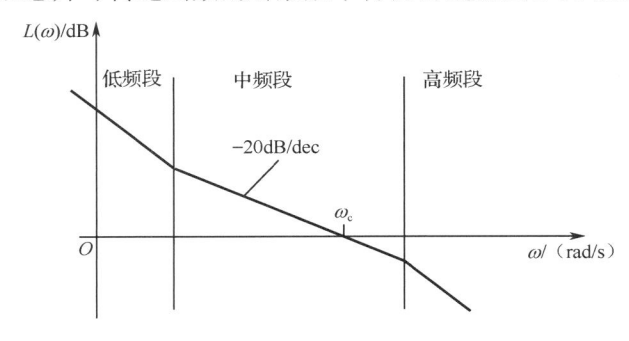

图 2-81 理想开环传递函数的对数频率特性曲线

（1）低频段：在对数频率特性图中,低频段通常是指 $L(\omega)$ 曲线在第一个转折频率以前的区段。此段的特性由开环传递函数中的积分环节和开环放大系数决定。低频段的斜率越陡,增益越大,则系统的稳态精度越高。若系统要达到对斜坡输入无差,则 $L(\omega)$ 线低频段斜率应为-40dB/dec。

（2）中频段：$L(\omega)$ 线在截止频率 ω_c 附近的区域。对于最小相位系统（开环传递函数中无右半 s 平面的零极点）,若开环对数幅频特性曲线的斜率为 $-20\times \upsilon \text{dB/dec}$,则对应的幅角为 $-90°\times \upsilon$。中频段幅频特性在 ω_c 处的斜率,对系统的相位裕度 γ 有很大的影响,为保证相位裕度 $\gamma>0$,中频段斜率应取 -20dB/dec,而且应占有一定的频域宽度。要提高系统的快速性,则应提高穿越频率 ω_c。

（3）高频段：$L(\omega)$ 曲线在 $\omega>10\omega_c$ 以后的区域,高频段的斜率要比低频段的斜率还要陡,且 $L(\omega)\ll 0$,以提高系统抑制高频干扰的能力。

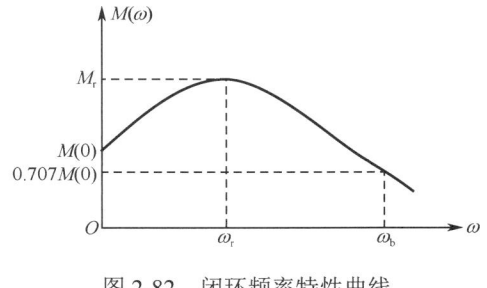

图 2-82 闭环频率特性曲线

2）闭环频率特性性能指标

设 $\phi(\text{j}\omega)$ 为闭环频率特性,曲线如图 2-82 所示。常见的闭环频率特性性能指标有零频幅值 $M(0)$、谐振频率 ω_r 及谐振峰值 M_r 和带宽频率 ω_b。

（1）零频幅值 $M(0)$：频率等于 0 时的闭环对数幅值,即 $20\lg|\phi(\text{j}0)|$,零频幅值反映了系统的稳态精度。

（2）谐振频率 ω_r 及谐振峰值 M_r：幅频特性

M_ω 出现最大值 M_r 时的频率称为谐振频率 ω_r，幅频特性的最大值称为谐振峰值 M_r。峰值越大，意味着系统的阻尼比越小，平稳性越差，阶跃响应将有较大的超调量。

（3）带宽频率 ω_b：闭环对数幅频特性的分贝值，相对 $20\lg|\phi(j0)|$ 值下降 3dB，即衰减到 $0.707M(0)$ 时的对应频率 ω_b 称为带宽频率。带宽频率的范围称为带宽，即 $0 < \omega \leq \omega_b$。带宽频率范围越大，表明系统复现快速变化信号的能力越强，失真越小，系统快速性越好，阶跃响应上升时间和调节时间短，但系统抑制输入端高频噪声的能力相应削弱。

3）频域性能指标与时域性能指标的关系

典型二阶系统的频域性能指标与时域性能指标之间存在解析关系。

（1）开环频率特性。

开环截止频率为
$$\omega_c = \omega_n \sqrt{\sqrt{4\zeta^4 + 1} - 2\zeta^2} \tag{2-30}$$

相位裕度为
$$\gamma = \arctan \frac{2\zeta}{\sqrt{\sqrt{4\zeta^4 + 1} - 2\zeta^2}} \tag{2-31}$$

幅值裕度为
$$h = \infty \tag{2-32}$$

（2）闭环频率特性。

谐振峰值为
$$M_r = \frac{1}{2\zeta\sqrt{1-\zeta^2}}, \quad 0 < \zeta \leq \frac{\sqrt{2}}{2} \tag{2-33}$$

谐振频率为
$$\omega_r = \omega_n \sqrt{1 - 2\zeta^2}, \quad 0 < \zeta \leq \frac{\sqrt{2}}{2} \tag{2-34}$$

带宽频率为
$$\omega_b = \omega_n \sqrt{1 - 2\zeta^2 + \sqrt{2 - 4\zeta^2 + 4\zeta^4}} \tag{2-35}$$

对于高阶系统谐振峰值 M_r 的确定，在工程上常采用下述经验公式：
$$M_r \approx \frac{1}{\sin\gamma} \tag{2-36}$$

对于高阶系统，频域性能指标和时域性能指标不存在解析关系，通过对大量系统的研究，归纳为下述两个近似估算时域性能指标公式：
$$\sigma = 0.16 + 0.4\left(\frac{1}{\sin\gamma} - 1\right), \quad 35° \leq \gamma \leq 90° \tag{2-37}$$

$$t_s = \frac{K_0 \pi}{\omega_c} \tag{2-38}$$

式中，
$$K_0 = 2 + 1.5\left(\frac{1}{\sin\gamma} - 1\right) + 2.5\left(\frac{1}{\sin\gamma} - 1\right)^2, \quad 35° \leq \gamma \leq 90° \tag{2-39}$$

应用上述经验公式估算高阶系统的时域性能指标一般偏于保守，即实际性能比估算结果要好。

三、实验内容

1. 模拟电路实验方案

1）惯性环节

惯性环节的方框图和模拟电路图如图 2-83 和图 2-84 所示。

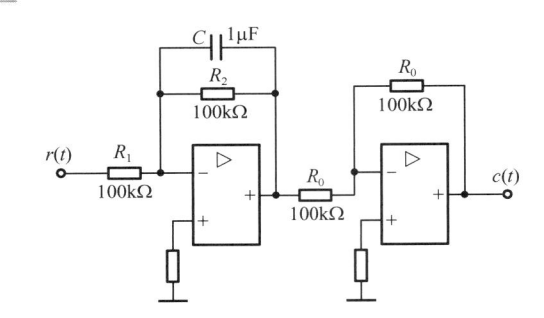

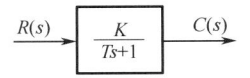

图 2-83　惯性环节的方框图

图 2-84　惯性环节的模拟电路图

传递函数为
$$G(s) = \frac{C(s)}{R(s)} = \frac{K}{Ts+1} = \frac{1}{0.1s+1} \quad (2\text{-}40)$$

频率特性为
$$G(j\omega) = \frac{K}{Tj\omega+1} \quad (2\text{-}41)$$

幅频特性为
$$A(\omega) = |G(j\omega)| = \frac{K}{\sqrt{(T\omega)^2+1}} \quad (2\text{-}42)$$

相频特性为
$$\varphi(\omega) = -\arctan T\omega \quad (2\text{-}43)$$

实验结果如图 2-85 和图 2-86 所示。

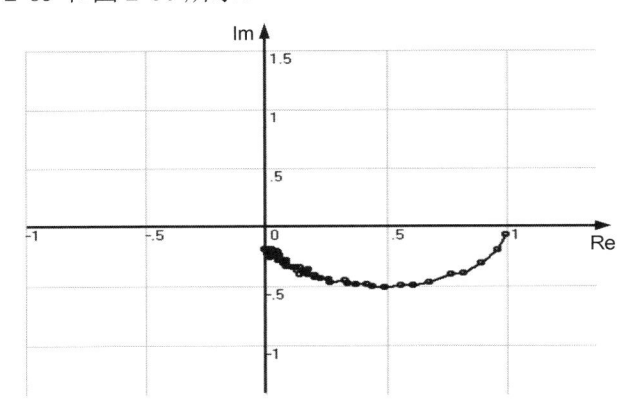

图 2-85　惯性环节的幅相频率特性曲线

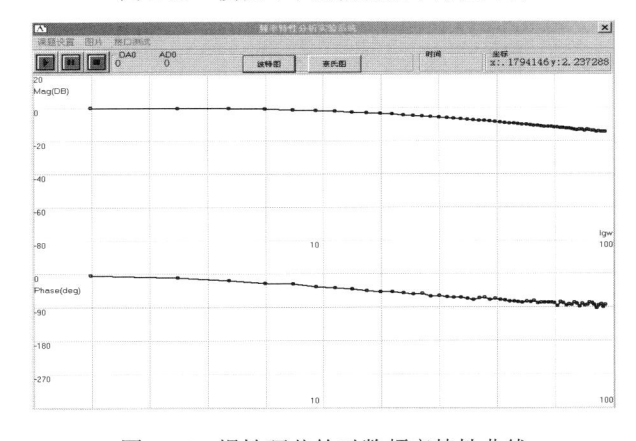

图 2-86　惯性环节的对数频率特性曲线

2）典型二阶系统

典型二阶系统的方框图和模拟电路图如图 2-87 和图 2-88 所示。

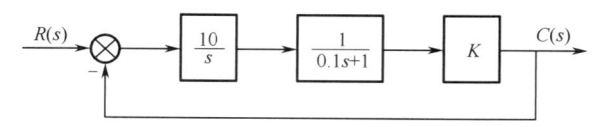

图 2-87 典型二阶系统的方框图

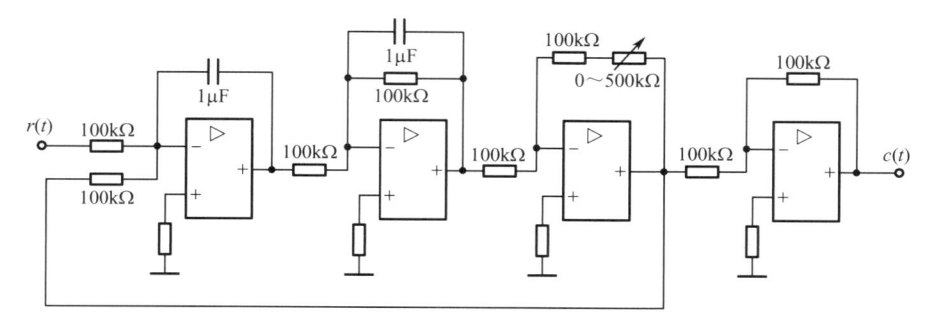

图 2-88 典型二阶系统的模拟电路图

典型二阶系统的闭环传递函数为

$$\varphi(s) = \frac{\omega_n^2}{s^2 + 2\zeta\omega_n s + \omega_n^2} \quad (2\text{-}44)$$

则其闭环频率特性为

$$\varphi(j\omega) = \frac{\omega_n^2}{-\omega^2 + 2\zeta\omega_n j\omega + \omega_n^2} \quad (2\text{-}45)$$

幅频特性为

$$A(\omega) = \frac{\omega_n^2}{\sqrt{(\omega_n^2 - \omega^2)^2 + 4\zeta^2 \omega_n^2 \omega^2}} \quad (2\text{-}46)$$

相频特性为

$$\phi(\omega) = -\arctan\frac{2\zeta\dfrac{\omega}{\omega_n}}{1 - \dfrac{\omega^2}{\omega_n^2}}, \quad \omega \leq \omega_n$$

$$\phi(\omega) = -\left(\pi - \arctan\frac{2\zeta\dfrac{\omega}{\omega_n}}{\dfrac{\omega^2}{\omega_n^2} - 1}\right), \quad \omega > \omega_n \quad (2\text{-}47)$$

2. MATLAB 软件仿真实验方案

1）惯性环节

惯性环节的方框图如图 2-89 所示。
用 MATLAB 绘制惯性环节的 Bode 图和 Nyquist 图。
程序如下。

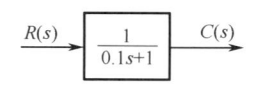

图 2-89 惯性环节的方框图

```
%程序名: m5_1.m
num=[1];
den=[0.1 1];
figure(1)
bode(num,den)        %此函数用于绘制 Bode 图
figure(2)
nyquist(num,den)     %此函数用于绘制 Nyquist 图
```

MATLAB 绘制的 Nyquist 图对应角频率 ω 的范围是 $-\infty \sim \infty$。

惯性环节的 Bode 图和 Nyquist 图如图 2-90 和 2-91 所示。

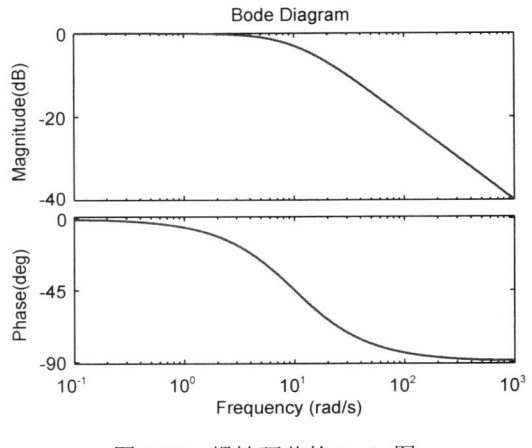

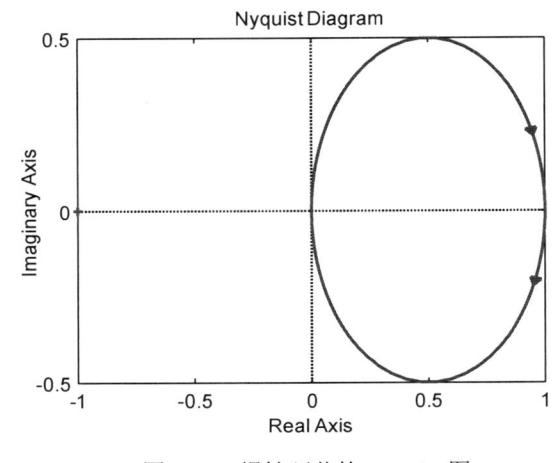

图 2-90　惯性环节的 Bode 图

图 2-91　惯性环节的 Nyquist 图

2）典型二阶系统

典型二阶系统的方框图如图 2-92 所示。

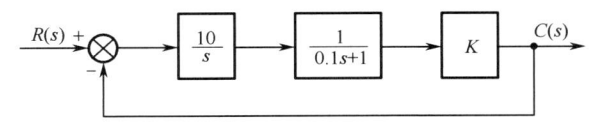

图 2-92　典型二阶系统的方框图

用 MATLAB 绘制典型二阶系统的 Bode 图和 Nyquist 图。

程序如下。

```
%程序名: m5_2.m
num=[30];
den=[0.1 1 0];
figure(1)
bode(num,den)        %此函数用于绘制 Bode 图
margin(num,den)      %此函数能在 Bode 图上标注幅值裕度 Gm 和对应的频率 wg、相位裕度 Pm 和对应的
                     %频率 wp
grid on
figure(2)
nyquist(num, den)            %此函数为 Nyquist 轨线作图函数, 即极坐标图
[nc,dc]=cloop(num,den,-1);   %此函数能得到闭环系统的数学模型, -1 视为负反馈
figure(3)
```

```
bode(nc,dc)
[m,p,w]=bode(nc,dc);
mr=max(m)
wr=spline(m,w,mr)    %此函数为差值函数,能确定系统稳定的临界增益
```

程序运行结果:典型二阶系统的 Bode 图和 Nyquist 图如图 2-93、图 2-94 和图 2-95 所示。

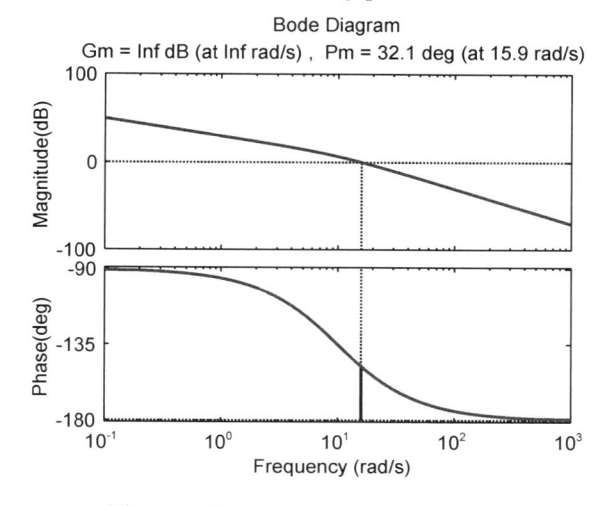

图 2-93 典型二阶系统的开环 Bode 图

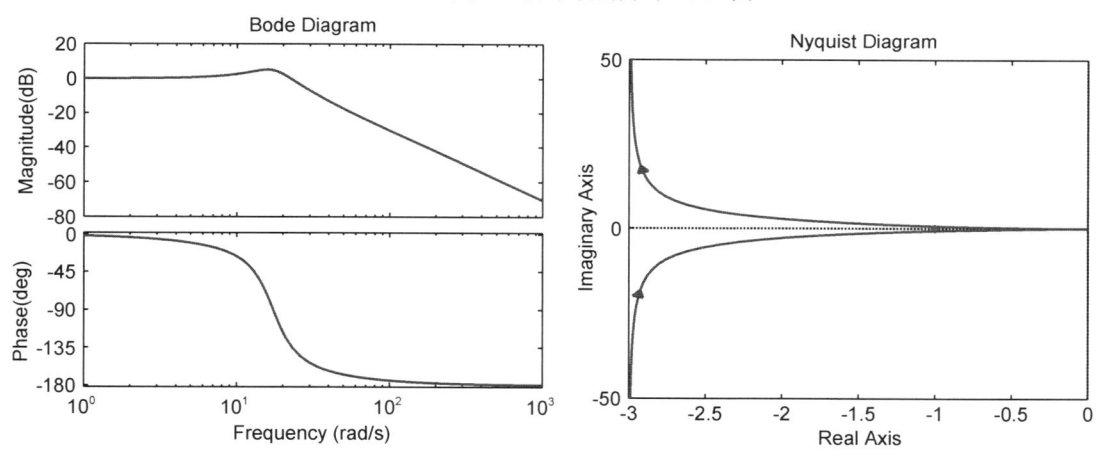

图 2-94 典型二阶系统的闭环 Bode 图   图 2-95 典型二阶系统的 Nyquist 图

3. ω_n、ζ 取不同值对典型二阶系统频率特性的影响

典型二阶系统为

$$\phi(s) = \frac{\omega_n^2}{s^2 + 2\zeta\omega_n s + \omega_n^2} \qquad (2-48)$$

(1) 绘制当 $\omega_n = 10$、ζ 取不同值时的 Bode 图,仿真结果如图 2-96 所示。

程序如下。

```
%程序名:m5_3.m
w=10;
```

```
w=logspace(0.1,2,300);
for k=0.1:0.1:1;
num=w^2;
den=[1 2*k*w w^2];
sys=tf(num,den);
bode(sys,w);
hold on;
end
grid on
```

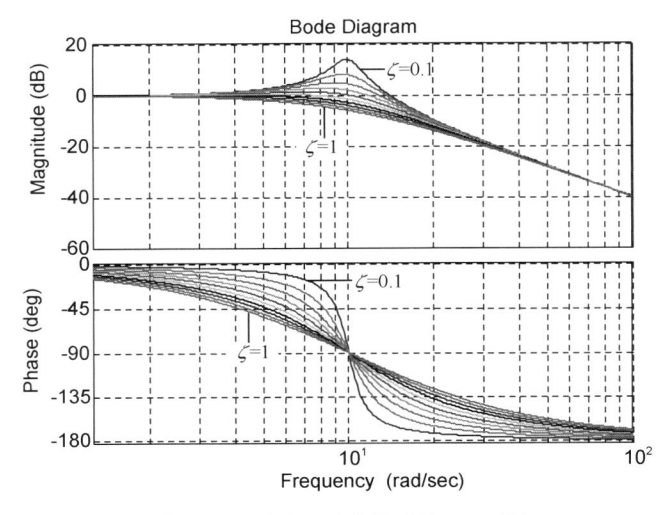

图 2-96 不同 ζ 对应的系统 Bode 图

图 2-96 中曲线由上到下对应的 ζ 由小到大，可以看出当 ζ 较小时，系统频率响应在自然频率附近将出现较强的振荡。

（2）绘制当 $\zeta=0.707$、ω_n 取不同值时的 Bode 图。

程序如下。

```
%程序名：m5_4.m
k=0.707;
w=logspace(0.1,2,200);
for w=1:1:10;
num=w^2;
den=[1 2*k*w w^2];
sys=tf(num,den);
bode(sys,w);
hold on;
end
grid on
```

仿真结果如图 2-97 所示。

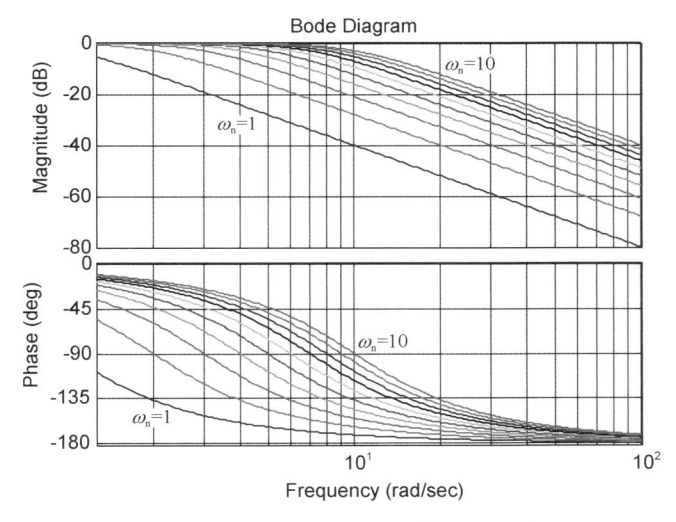

图 2-97 不同 ω_n 对应的系统 Bode 图

四、实验报告要求

（1）写出被测环节和系统的传递函数，并画出相应的模拟电路图。
（2）按表 2-6 记录实验所测数据，分别作出相应的幅频特性曲线和相频特性曲线。
（3）根据实验所测数据确定系统的传递函数。
（4）分析实验数据，就理论值与实测值产生的误差进行分析，并说明原因。
（5）根据典型二阶系统的闭环频率特性曲线，求系统的带宽频率、谐振频率和谐振峰值，并与理论计算的结果进行比较。
（6）根据典型二阶系统的开环频率特性曲线，求系统的开环截止频率，并与理论计算的结果进行比较。
（7）记录用 MATLAB 绘制的开环频率特性曲线，并与近似绘制的折线图相比较。

表 2-6 系统频率特性实验数据记录表

f /Hz	0.16	0.2	0.25	0.32	0.4	0.5	0.63	0.81	1	1.26
ω/(rad/s)										
$\lg \omega$										
$A(\omega)$										
$L(\omega)$										
$\varphi(\omega)$										
f /Hz	1.59	2	2.52	3.18	4	5	6.34	8	10	
ω/(rad/s)										
$\lg \omega$										
$A(\omega)$										
$L(\omega)$										
$\varphi(\omega)$										

2.3.6　实验六　系统校正

系统校正是确保系统性能达到预期目标的关键过程，它涉及对系统各项参数和特性的调整与优化，以消除偏差，提高精度和稳定性。

首先，系统校正有助于提升系统的准确性和可靠性。在实际应用中，系统可能会受到各种内、外部因素的影响，导致输出结果偏离预期。通过系统校正，可以对这些因素进行识别、量化和补偿，从而减小误差，提高系统的输出精度。

其次，系统校正对于优化系统性能至关重要。校正过程不仅消除误差，还致力于改善系统的动态响应、稳定裕度及抗干扰能力。合理的校正措施，可以使系统在不同工作条件下都能保持良好的性能，满足各种需求。

最后，系统校正还有助于延长系统的使用寿命和降低维护成本。通过定期校正，可以及时发现并处理系统中的潜在问题，防止因长时间运行而导致性能退化或故障发生。这不仅可以延长系统的整体使用寿命，还可以减少因频繁维修和更换部件而产生的额外成本。

医疗设备如 CT 扫描仪（见图 2-98）、MRI（核磁共振成像）机器和超声波诊断仪等，对于疾病的准确诊断和治疗至关重要。然而，这些设备的输出结果可能会受到机械磨损、电磁干扰或温度变化等因素的影响而产生偏差。系统校正可以确保这些医疗设备的准确性和可靠性。通过定期校正设备的各项参数和特性，可以消除偏差，提高诊断精度，改善治疗效果。例如，在放射治疗中，通过校正放射源的强度和定位精度，可以确保肿瘤照射的准确性和安全性，提高患者的治愈率和生活质量。

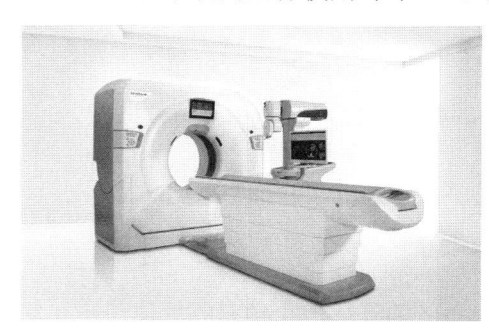

图 2-98　CT 扫描仪

能源管理系统用于监测和控制建筑物的能源消耗。这些系统的准确性和稳定性对于提高能源利用效率、降低运营成本和减少环境污染具有重要意义。然而，由于传感器误差、设备老化或控制策略不当等因素，能源管理系统可能会出现偏差和效率低下的问题。系统校正可以确保能源管理系统的准确性和高效性。通过对系统的传感器、控制算法和能效评估模型进行精确校正和优化调整，可以提高能源计量精度，改善控制效果，实现节能减排和可持续发展的目标。

在通信系统中，信号的传输质量和稳定性对于保障通信畅通至关重要。然而，由于信道干扰、设备非线性或时钟漂移等因素，通信信号可能会产生失真和偏差。系统校正可以优化通信系统的性能。通过对通信设备的发射功率、频率稳定性和接收灵敏度等参数进行精确校正和调整，可以减少信号失真和干扰，提高通信质量和可靠性。例如，在无线通信网络中，通过校正基站的发射功率和接收机的解调算法，可以优化网络覆盖范围和吞吐量性能，提升用户的体验感和满意度。

一、实验目的

（1）熟悉串联校正装置的结构和特性。

(2)掌握串联校正装置的设计方法和参数调试技术。

二、实验原理

当控制系统的稳定性、响应速度和稳态误差等指标不符合设计要求时,就需要进行校正。

控制系统中常用的校正方式分为串联校正、反馈校正、前置校正和复合校正 4 种,如图 2-99 所示。实际中最常用的校正方式是串联校正和反馈校正。

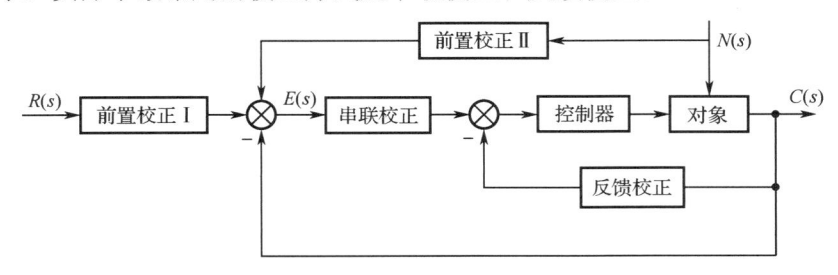

图 2-99 常用的校正方式

下面分别介绍串联超前校正和串联滞后校正。

1. 串联超前校正

串联超前校正利用校正装置的相位超前特性来增加系统的相位裕度,利用校正装置相频曲线的正幅角特性来增加系统的幅值裕度,从而改善系统的平稳性和快速性。为此,要求校正装置的最大超前幅角 φ_m 出现在系统新的截止频率 ω_c' 处。串联超前校正主要用于系统稳态性能已满足要求,而动态性能有待改善的场合。

串联超前校正环节传递函数的一般形式为 $G_c(s) = \dfrac{\alpha Ts + 1}{Ts + 1}$ ($\alpha > 1$)。串联超前校正装置的 Bode 图如图 2-100 所示。由图 2-100 可见,相位超前主要发生在频段 $\left[\dfrac{1}{\alpha T}, \dfrac{1}{T}\right]$,而且最大超前幅角 $\varphi_m = \arcsin\dfrac{\alpha - 1}{\alpha + 1}$。

最大超前幅角出现在转折频率 $\dfrac{1}{\alpha T}$ 和 $\dfrac{1}{T}$ 的几何平均值 $\omega_m = \dfrac{1}{\sqrt{\alpha T}} = \sqrt{\dfrac{1}{\alpha T} \cdot \dfrac{1}{T}}$ 处。

设计串联超前校正装置的一般步骤如下。

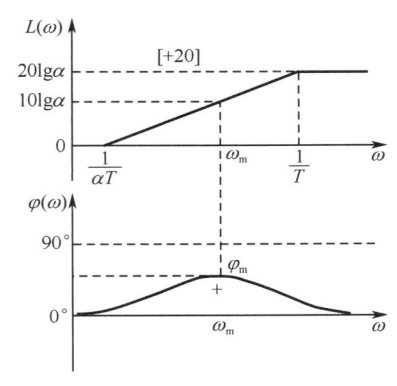

图 2-100 串联超前校正装置的 Bode 图

(1)根据系统稳态精度指标的要求,确定系统开环增益 K。

(2)根据确定的开环增益,绘制待校正系统的 Bode 图,得出其相位裕度 γ、截止频率 ω_c、幅值裕度 h(dB)等性能指标。

(3)根据性能指标要求的相位裕度 γ' 和实际系统的相位裕度 γ,确定校正装置的最大超前幅角 φ_m,即 $\varphi_m = \gamma' - \gamma + \Delta$,式中,$\Delta$ 为用于补偿因超前校正装置的引入,使系统的截止频率增大而带来的相位滞后量,一般取值为 5°~15°。

（4）根据所确定的 φ_m，按式 $\alpha = \dfrac{1+\sin\varphi_m}{1-\sin\varphi_m}$ 算出 α 值。

（5）在原系统对数幅频特性曲线 $L(\omega)$ 上找到幅频值为 $-10\lg\alpha$ 的点，选定对应的频率为串联超前校正装置的 ω_m，也就是校正后系统的截止频率 ω_c'。

这样做的原因如下：由串联超前校正装置的 Bode 图可知，串联超前校正装置在 ω_m 处的对数幅频值为 $L_c(\omega) = \dfrac{20\lg\alpha}{2} = 10\lg\alpha$，在校正前的对数幅频特性曲线 $L(\omega)$ 上找到幅频值为 $-10\lg\alpha$ 的点，则在该点处，$L_c(\omega)$ 与 $L(\omega)$ 的代数和为 0dB，即该点频率既是选定的 ω_m，也是校正后系统的截止频率 ω_c'。

（6）根据选定的 ω_m 确定校正装置的转折频率，并画出串联超前校正装置的 Bode 图。

（7）画出校正后系统的 Bode 图，并校验系统的相位裕度 γ' 是否满足要求，如果不满足要求，则增大 $\varDelta$ 值，从步骤（3）开始重新计算。

串联超前校正的使用受到以下两个因素的限制。

（1）闭环带宽要求。

（2）当原系统的对数相频特性曲线在截止频率附近急剧下降时，由截止频率的增加带来的系统的相位滞后量将超过由校正装置所能提供的相位超前量。此时，若用单级的串联超前校正装置来校正，收效不大。

2. 串联滞后校正

串联滞后校正不是利用校正装置的相位滞后特性，而是利用其幅值的高频衰减特性对系统进行校正的。它使原系统幅频特性曲线的中频段和高频段降低，截止频率减小，从而使系统获得足够大的相位裕度，但是会导致系统快速性变差。串联滞后校正主要用于需提高系统稳定性或者稳态精度有待改善的场合。

串联滞后校正环节传递函数的一般形式为 $G_c(s) = \dfrac{\beta Ts + 1}{Ts + 1}(\beta < 1)$。串联滞后校正装置的 Bode 图如图 2-101 所示。

由图 2-101 可见，相位滞后主要发生在频段 $\left(\dfrac{1}{T}, \dfrac{1}{\beta T}\right)$，而且滞后角最大值 $\varphi_m = \arcsin\dfrac{1-\beta}{1+\beta}$。

这一最大值出现在转折频率 $\dfrac{1}{T}$ 和 $\dfrac{1}{\beta T}$ 的几何平均值 $\omega_m = \dfrac{1}{\sqrt{\beta T}} = \sqrt{\dfrac{1}{T} \cdot \dfrac{1}{\beta T}}$ 处。

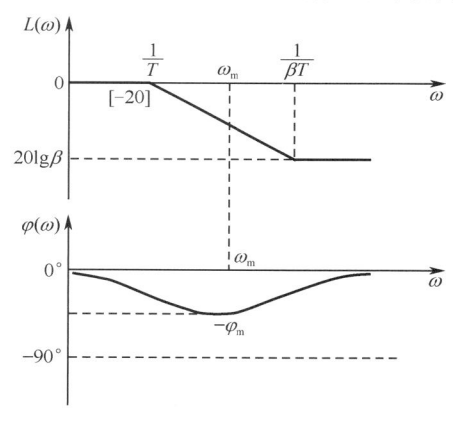

图 2-101 串联滞后校正装置的 Bode 图

设计串联滞后校正装置的一般步骤如下。

（1）根据稳态精度指标要求，确定开环增益 K。

（2）根据确定的开环增益，绘制待校正系统的 Bode 图，得出其相位裕度 γ、截止频率 ω_c、幅值裕度 h（dB）等性能指标。

（3）若原系统的相位裕度不满足要求，则从原系统的相频特性曲线上找到一点 $\omega = \omega_c'$，

在该点处的幅角为 $\varphi(\omega_c') = -180° + \gamma' + (5°-15°)$。式中：$\gamma'$ 为校正后期望的相位裕度；$5°-15°$ 为滞后网络在 $\omega = \omega_c'$ 处引起的相位滞后量；ω_c' 为校正后系统新的截止频率。

（4）测得原系统在 $\omega = \omega_c'$ 处的对数幅频值 $L(\omega_c')$，并设 $L(\omega_c') = -20\lg\beta$，由此可解得 β 值。

（5）计算串联滞后校正装置的转折频率，并作出其 Bode 图。

为了避免 φ_m 出现在 ω_c' 附近而影响系统的相位裕度，应使校正装置的转折频率远小于 ω_c'。一般取转折频率 $\omega_2 = \dfrac{1}{\beta T} = 0.1\omega_c'$，则另一个转折频率 $\omega_1 = \dfrac{1}{T} = \beta\dfrac{1}{\beta T} = \beta\omega_2$。

（6）画出校正后系统的 Bode 图，并校核相位裕度等性能指标。

三、实验内容

1. 连续系统的串联超前校正

设计要求：已知图 2-102 所示的闭环系统，其模拟电路图如图 2-103 所示，其开环传递函数为 $G(s) = \dfrac{20}{s(0.2s+1)}$。

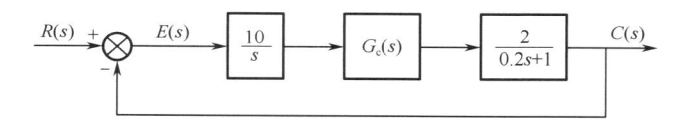

图 2-102 闭环系统结构图

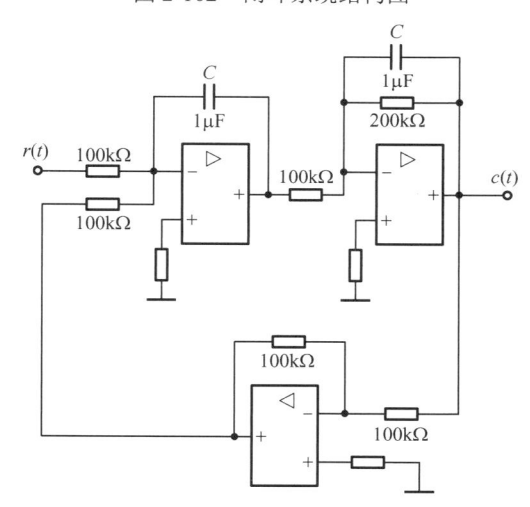

图 2-103 校正前系统的模拟电路图

设计一个串联超前校正装置，使系统的稳态速度误差系数 K_v 等于 30，且相位裕度不小于 $60°$。

串联超前校正装置的传递函数为

$$G_c(s) = K_c\left(\dfrac{\alpha Ts + 1}{Ts + 1}\right)(\alpha > 1) \qquad (2-49)$$

校正后系统的开环传递函数为 $G'(s) = G_c(s)G(s)$，确定系统开环增益，以满足稳态性能

指标（满足稳态速度误差系数值），因为

$$E(s) = R(s) - C(s) = R(s) - \frac{G(s)}{1+G(s)}R(s) = \frac{1}{1+G(s)}R(s) \quad (2-50)$$

稳态误差
$$e_{ss} = \lim_{s \to 0} s \frac{1}{1+G'(s)} \frac{1}{s^2} = \lim_{s \to 0} \frac{1}{s+sG'(s)} = \lim_{s \to 0} \frac{1}{sG'(s)} \quad (2-51)$$

定义
$$K_v = \lim_{s \to 0} sG'(s) = \lim_{s \to 0} s \frac{\alpha Ts+1}{Ts+1} \cdot \frac{20K_c}{s(0.2s+1)} = 20K_c = 30 \quad (2-52)$$

得到 $K_c = 1.5$。

绘出传递函数 $G^*(s) = \dfrac{30}{s(0.2s+1)}$ 的 Bode 图（含 $K_c = 1.5$），求出进行相位补偿前系统的相位裕度。

在 MATLAB 命令窗口中输入：

```
%jiaozheng1_1.m
num=30;den=[0.2 1 0];
margin(num,den)
```

得出进行相位补偿前系统的相位裕度为 23.1°，如图 2-104 所示。

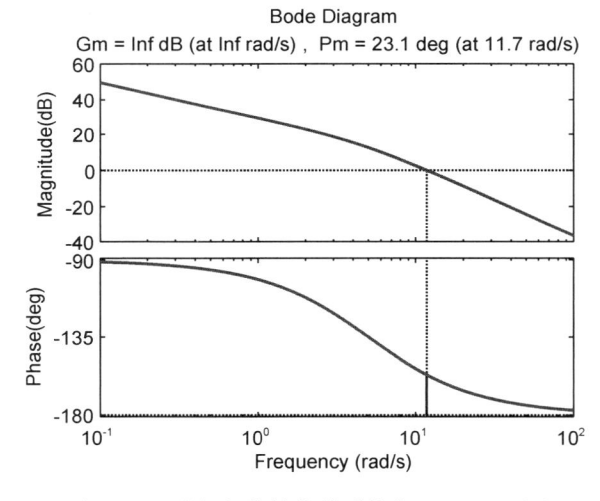

图 2-104 进行相位补偿前系统的开环 Bode 图

输入如下 MATLAB 命令：

```
%jiaozheng1_2.m
num=30
den=[0.2 1 0]
ph_m=60-23+8
alph=(1+sin(ph_m/180*pi))/(1-sin(ph_m/180*pi))-10*log10(alph)
w=(0.1:300)'
[mag, phase]=bode(num, den, w);
mag1=20*log10(mag)
ph_m =45*pi/180 %为相位超前补偿器的最大相位
for i=find((mag1<=-5)&(mag1>=-10))
```

```
    disp([i mag1(i) phase(i) w(i)])
end
ii=input('enter index for desired mag...')
t=1/(w(ii)*sqrt(alph))
```

运行结果如下:

```
alph =5.8284
ans  =-7.6555dB
  指针值      mag1      phase          w
  17.0000   -5.1511   -162.7473    16.1000
  18.0000   -6.1543   -163.7012    17.1000
  19.0000   -7.1047   -164.5576    18.1000
  20.0000   -8.0074   -165.3303    19.1000
  21.0000   -8.8668   -166.0308    20.1000
  22.0000   -9.6867   -166.6687    21.1000
enter index for desired mag...20
ii = 20
t = 0.0217
```

故可得串联超前校正装置的传递函数为

$$G_c(s) = 1.5 \times \frac{0.1265s+1}{0.0217s+1} \quad （含 K_c =1.5）\tag{2-53}$$

检查补偿后系统的相位裕度值，在 MATLAB 命令窗口中输入：

```
%jiaozheng1_3.m
num1=30;den1=[0.2 1 0];
num2=[0.1265 1];den2=[0.0217 1];
[num,den]=series(num1,den1,num2,den2);
margin(num,den)
```

可得图 2-105 所示的 Bode 图，由图可知，补偿后系统的相位裕度约为 60.1°，满足设计指标要求。

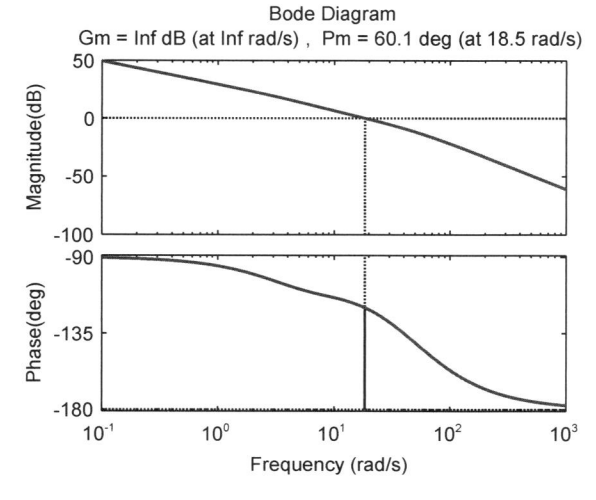

图 2-105 补偿后系统的开环 Bode 图

校正后系统的模拟电路图如图 2-106 所示。

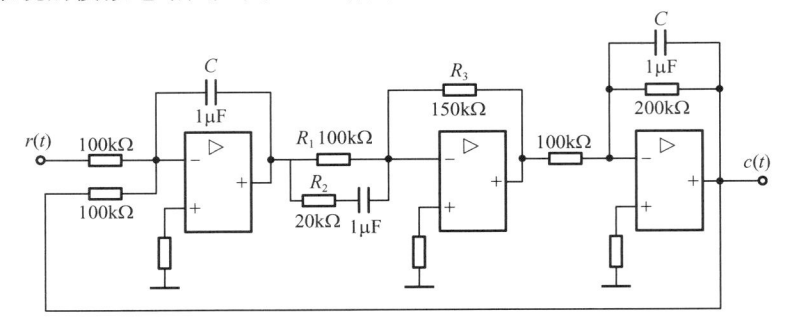

图 2-106　校正后系统的模拟电路图

在 Simulink 窗口中，构建图 2-107 所示的模型。系统校正前后阶跃响应曲线对比如图 2-108 所示。

图 2-107　校正前后系统性能对比模型

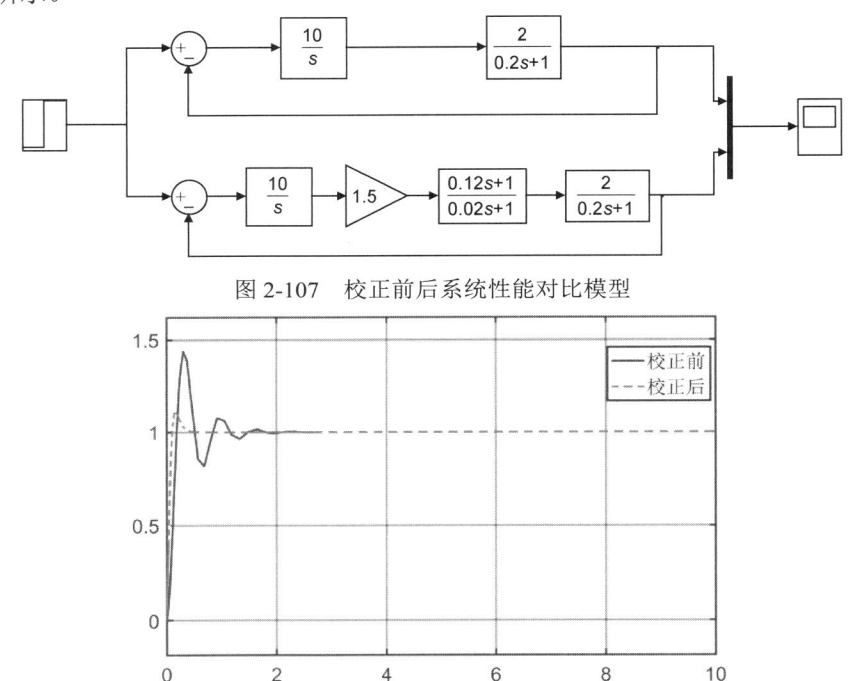

图 2-108　系统校正前后阶跃响应曲线对比

2. 连续系统的串联滞后校正

已知图 2-109 所示的闭环系统，其模拟电路图如图 2-110 所示，其开环传递函数为
$G(s) = \dfrac{10}{s(0.1s+1)(0.2s+1)}$。

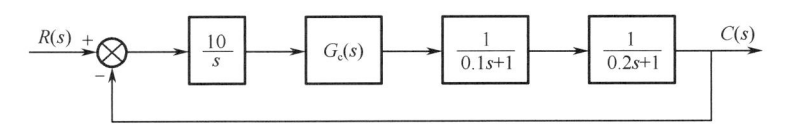

图 2-109　闭环系统结构图

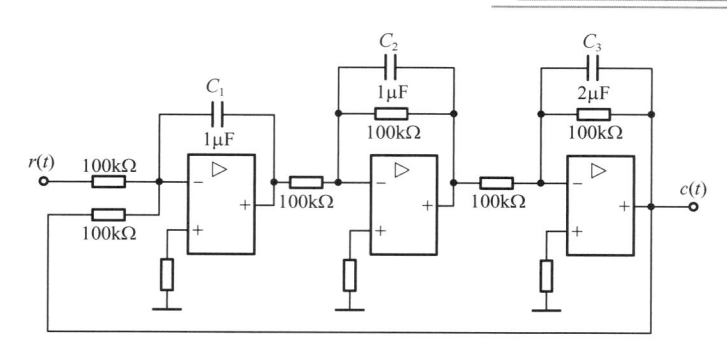

图 2-110 校正前系统的模拟电路图

设计一个串联滞后校正装置，使系统的稳态速度误差系数 K_v 等于10，且相位裕度不小于 $45°$。

相位滞后补偿器的传递函数为 $G_c(s) = K_c \left(\dfrac{\beta s + 1}{Ts + 1} \right)$ ($\beta < 1$)。

校正后的系统的开环传递函数为 $G'(s) = G_c(s)G(s)$，确定开环增益，以满足稳态性能指标（满足稳态速度误差系数值）：

$$K_v = \lim_{s \to 0} sG'(s) = \lim_{s \to 0} s \dfrac{\beta Ts + 1}{Ts + 1} \cdot \dfrac{10K_c}{s(0.1s + 1)(0.2s + 1)} = 10K_c = 10 \quad (2\text{-}54)$$

得到 $K_c = 1$。

绘出传递函数 $G^*(s) = \dfrac{10}{s(0.1s + 1)(0.2s + 1)}$ 的 Bode 图，求出进行相位补偿前系统的相位裕度。

在 MATLAB 命令窗口中输入：

```
%jiaozheng2_1.m
num=10;den= conv([1 0], conv([0.1 1], [0.2 1]));
margin(num, den)
```

得到进行相位补偿前系统的相位裕度为 $11.4°$，幅值裕度为 3.52dB，如图 2-111 所示。

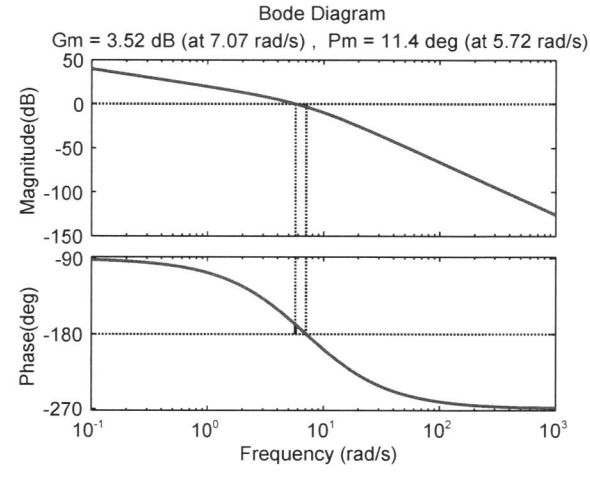

图 2-111 补偿前系统的 Bode 图

输入如下 MATLAB 命令：

```
%jiaozheng2_2.m
num=10
den=conv([1 0],conv([0.1 1],[0.2 1]))
ph_m=45+5
ph_md=-180+ph_m
w=logspace(-1,2,800)
[mag,phase]=bode(num,den,w)
mag1=20*log10(mag)
for i=find((phase<=-128)&(phase>=-132))
    disp([i mag1(i) phase(i) w(i)])
end
ii=input('enter index for desired phase...')
t=100/(w(ii)*(sqrt(1+0.01*w(ii)^2))*(sqrt(1+0.04*w(ii)^2)))/w(ii)
beta=(w(ii)*(sqrt(1+0.01*w(ii)^2))*(sqrt(1+0.04*w(ii)^2)))/10
```

运行结果如下：

```
ph_md = -130°
   指针值      mag1      phase         w
  365.0000   11.5857  -128.0499    2.3265
  366.0000   11.4933  -128.3496    2.3467
  367.0000   11.4006  -128.6513    2.3671
  368.0000   11.3076  -128.9548    2.3877
  369.0000   11.2144  -129.2603    2.4084
  370.0000   11.1209  -129.5677    2.4293
  371.0000   11.0272  -129.8770    2.4504
  372.0000   10.9332  -130.1882    2.4717
  373.0000   10.8389  -130.5013    2.4931
  374.0000   10.7443  -130.8164    2.5148
 enter index for desired phase...371
ii =371
t =14.5252
beta =0.2810
```

故可得串联滞后校正装置的传递函数为

$$G_c(s) = \frac{4.0816s+1}{14.5252s+1} \quad (\text{已含 } K_c = 1) \tag{2-55}$$

检查校正后系统的相位裕度值，在 MATLAB 命令窗口中输入：

```
%jiaozheng2_3.m
num1=10;den1=conv([1 0],conv([0.1 1],[0.2 1]));
num2=[4.0816 1];den2=[14.5252 1];
[num,den]=series(num1,den1,num2,den2);
margin(num,den)
```

可得图 2-112 所示的 Bode 图，由图可知，补偿后系统的相位裕度约为 45.9°，满足设计指标要求。

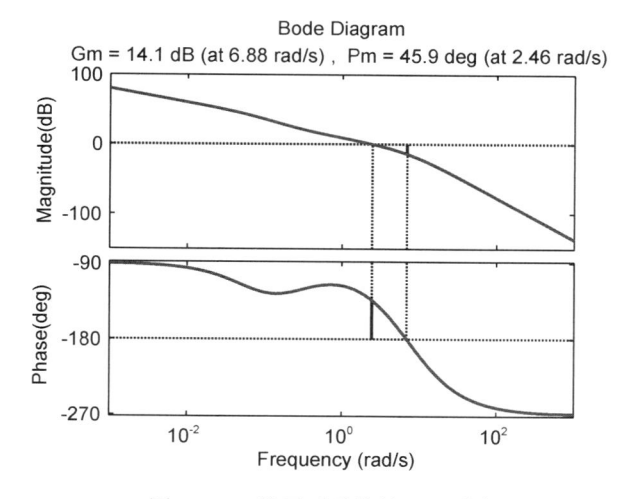

图 2-112 校正后系统的 Bode 图

校正后系统的模拟电路图如图 2-113 所示。

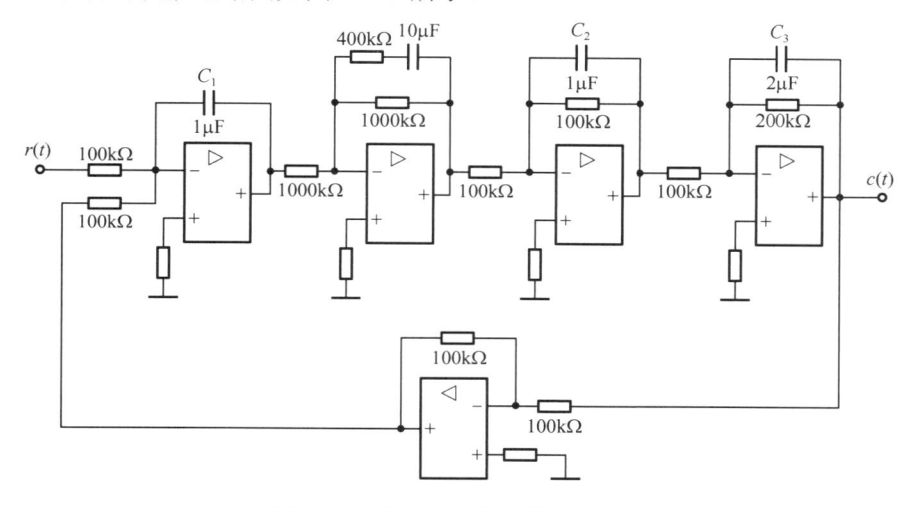

图 2-113 校正后系统的模拟电路图

在 Simulink 窗口中，构建图 2-114 所示的模型。校正前后系统阶跃响应曲线对比如图 2-115 所示。

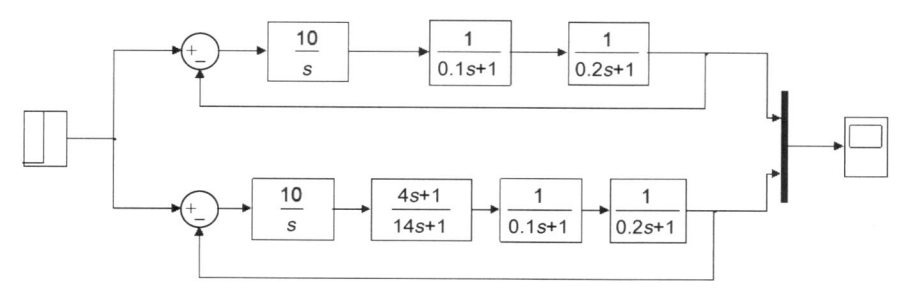

图 2-114 校正前后系统性能对比模型

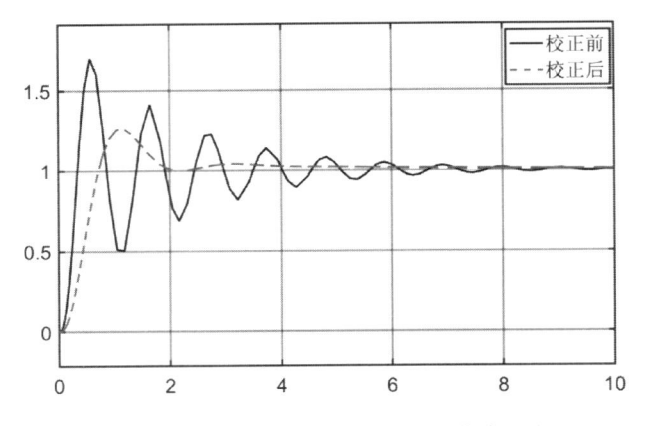

图 2-115　校正前后系统阶跃响应曲线对比

四、实验报告要求

（1）按照实验内容的要求，确定各系统所引入校正装置的传递函数，同时画出它们的模拟电路图。

（2）测试各系统不加校正装置及加入校正装置后的阶跃响应曲线。

（3）验证所引入的校正装置在加入系统后是否满足给定的性能指标要求。

（4）画出校正前后系统的对数频率特性曲线。

（5）分析实验数据，并从时域和频域两个角度，总结分析校正环节对于系统稳定性和过渡过程的影响。

2.4　综合设计实验

进行综合性实验的目的在于培养学生的综合分析能力、实验动手能力、数据处理能力及查阅中外文资料的能力；进行设计性实验的目的在于着重培养学生独立解决实际问题的能力、创新能力、组织管理能力和科研能力。

2.4.1　实验一　直流电机转速控制设计

直流电机转速控制的实验用到 PID（比例、积分、微分）控制算法，本应用可以结合人文素养，培养学生的综合能力。

（1）实践出真知。PID 控制算法不是理论推导出来的，而是自动化工程师在实践中总结出来的，并在实践中得到了丰富和发展，这符合马克思主义基本原理，即认识与实践是辩证统一的关系。

（2）局部与整体的辩证关系。从局部看，比例控制可以快速消除误差，但容易产生静态误差（简称静差）；积分控制可以消除静差，但容易产生积分饱和；微分控制可以快速克服干扰的影响，但容易引起系统振荡。因此，局部各有优缺点，把局部整合在一起可以发挥整体优势，以己之长克彼之短；同时，比例控制、积分控制和微分控制这些局部控制只有在整体中才能发挥作用，部分服从和服务于整体。

(3）个人与集体的辩证关系。每个人都有自己的长处和不足，做一件事情，单凭一己之力难以做好，只有发挥集体的力量，才能做大事。比例控制、积分控制和微分控制在实际应用中不会被单独使用，一般是比例控制和积分控制相组合，或比例控制与微分控制相组合，或三者结合使用。

（4）辩证唯物主义的对立统一观。微分反映事物在某一瞬间的动态变化，积分反映事物在某个时间段内的变化，可以看作静态变化，这种动静结合、对立统一在 PID 控制算法中得以实现。

（5）PID 控制算法的发展过程充分体现了实事求是的精神。根据 PID 控制的原始算法，广大工程师在实践中根据具体对象、具体控制问题，提出了许多种改进算法，如积分分离 PID 控制算法、微分先行 PID 控制算法等；同时与其他控制算法相结合，丰富、完善和发展了 PID 控制算法，如模糊 PID 控制算法、神经网络 PID 控制算法、自适应 PID 控制算法等。

一、实验目的

（1）掌握用 PID 控制的直流电机控制系统的调试方法。
（2）了解 PWM（脉冲宽度调制）、直流电机驱动电路的工作原理。

二、实验原理

直流电机在应用中有多种控制方式，在直流电机控制系统中，主要采用电枢电压控制电机的转速与方向。

功率放大器是直流电机控制系统的重要部件，它的性能及价格对系统都有重要的影响。过去的功率放大器采用磁放大器、交磁放大机或可控硅（晶闸管）。现在基本上采用晶体管功率放大器。PWM（脉冲宽度调制）功率放大器与线性功率放大器相比，功耗低、效率高，有利于克服直流电机的静摩擦。

1. PWM 的工作原理

PWM 的工作原理是通过改变信号的脉冲宽度来实现对信号的控制。它由一个固定频率的周期性方波和一个可调节的占空比组成。占空比表示高电平脉冲的时间与一个周期的比例。通过调整占空比，可以控制输出信号的平均功率或电压。

2. 功放电路

直流电机 PWM 输出的信号一般比较小，不能直接驱动直流电机，它必须经过功率放大器后再接到直流电机的两端。该实验装置采用 15V 的直流电压功放电路驱动。

3. 反馈接口

在直流电机控制系统中，在直流电机的轴上贴有一块小磁钢，电机转动带动磁钢转动。磁钢的下面有一个霍尔元件，当磁钢转动时霍尔元件感应输出。

4. 直流电机控制系统

直流电机控制系统如图 2-116 所示。霍尔传感器将电机的速度信号转换成电信号，经数据采集卡变换成数字量后送到计算机与给定值比较，所得的差值按照一定的规律（通常为 PID）运算，然后经数据采集卡输出控制量，供执行器控制电机的转速和方向。

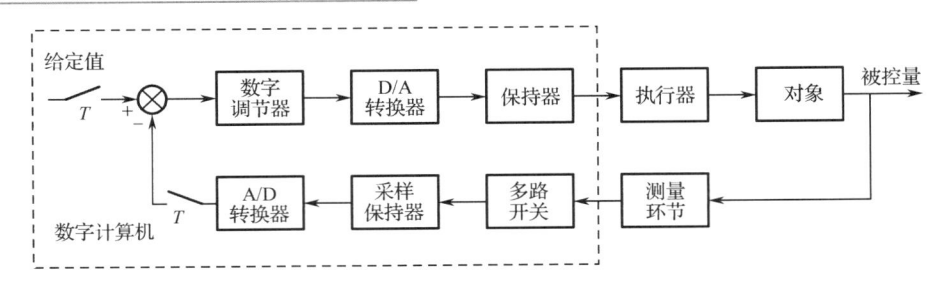

图 2-116 直流电机控制系统

三、实验设备

（1）自动控制原理实验箱、直流电机速度控制设计软件。
（2）PC 1 台。

四、实验内容

速度对象传递函数为

$$\frac{H(s)}{Q_1(s)} = \frac{K}{Ts+1} \tag{2-56}$$

图 2-117（a）是电机速度开环阶跃响应曲线，该曲线上升到稳态值的 63.2%所对应的时间，就是时间常数 T。也可以通过在响应曲线变化率最大的地方作切线，切线与稳态值交点所对应的时间就是时间常数 T，稳态值与设定值的比就是增益 K，由响应曲线求得 K 和 T 后，就能求得电机对象的传递函数。

在本实验中，电机的传递函数为

$$G(s) = \frac{0.9}{0.6s+1} \tag{2-57}$$

注：因电机不同，各台实验装置的测定值会略有不同。

如果对象具有滞后特性，其阶跃响应曲线为图 2-117（b），在此曲线的拐点 D 处作一条切线，它与时间轴交于 B 点，与响应稳态值的渐近线交于 A 点。图中 OB 为对象的滞后时间 τ，BC 为对象的时间常数 T，所得的传递函数为

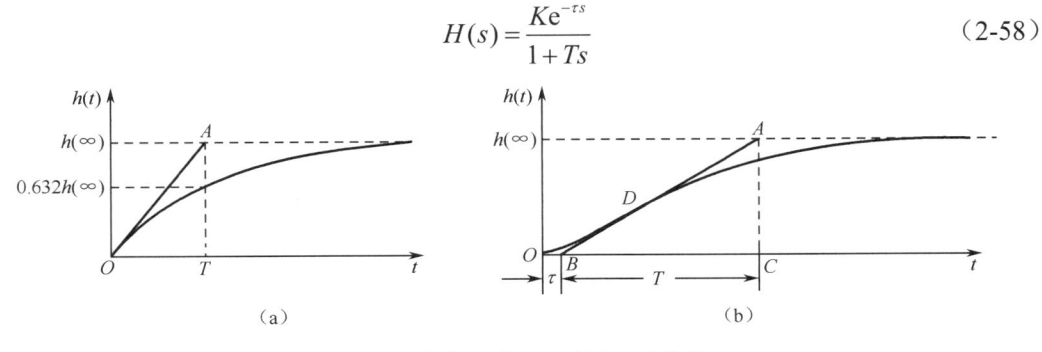

$$H(s) = \frac{Ke^{-\tau s}}{1+Ts} \tag{2-58}$$

图 2-117 电机速度开环阶跃响应曲线

自计算机进入控制领域以来，用数字计算机代替模拟调节器组成计算机控制系统，不仅可以用软件实现 PID 控制算法，而且可以利用计算机的优势，使 PID 控制更加灵活。数

字 PID 控制成为在生产过程中应用最普遍的控制方法。计算机控制系统原理图如图 2-118 所示。

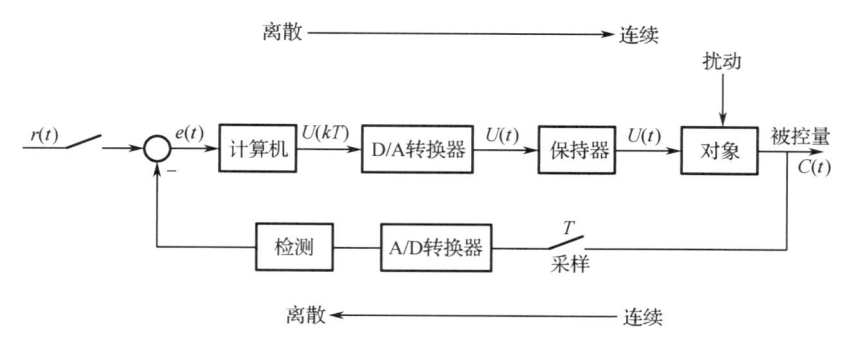

图 2-118 计算机控制系统原理图

1. 数字 PID 控制算法

采用增量式 PID 控制算法。

$$\Delta u_k = u_k - u_{k-1} = K_\mathrm{p}\left[e_k - e_{k-1} + \frac{T}{T_\mathrm{I}}e_k + \frac{T_\mathrm{D}}{T}(e_k - 2e_{k-1} + e_{k-2})\right] \quad (2\text{-}59)$$

$$\Delta u_k = K_\mathrm{p}\left(\Delta e_k + \frac{T}{T_\mathrm{I}}e_k + \frac{T_\mathrm{D}}{T}\Delta^2 e_k\right) = K_\mathrm{p}\Delta e_k + K_\mathrm{I}\Delta e_k + K_\mathrm{D}\Delta^2 e_k \quad (2\text{-}60)$$

$$u_k = u_{k-1} + \Delta u_k \quad (2\text{-}61)$$

其中，$K_\mathrm{I} = K_\mathrm{p}\dfrac{T}{T_\mathrm{I}}$，$K_\mathrm{D} = K_\mathrm{p}\dfrac{T_\mathrm{D}}{T}$。

可以看出，由于一般计算机控制系统采用恒定的采样周期 T，一旦 T 确定了，只要使用前后 3 次测量值的偏差，即可求出控制增量。

2. 数字 PID 参数整定方法

数字 PID 是在采样周期 T 足够小的前提下，用数字 PID 逼近模拟 PID，因此也可以按模拟 PID 参数整定方法来整定控制参数，参数整定方法包括试凑法、临界比例度法等。

下面介绍试凑法的使用方法。

（1）通常情况下增加比例系数 K_p，可以加快系统响应，在有静差的情况下，有利于减小静差，但是过大的 K_p 会使系统稳定性变差，产生较大的超调。

（2）积分时间 T_I 减小，积分作用增强，系统静差消除加快，但稳定性变差。

（3）微分时间 T_D 增大，微分作用增强，属于超前控制，系统响应加快，有利于稳定但对噪声的抑制能力减弱。

与模拟 PID 控制一样，各控制参数与系统性能指标之间的关系不是绝对的，只表示一定范围内的相对关系，因为各参数之间相互影响，一个参数改变了，另外两个参数的控制效果也会改变。

试凑时，可参考以上参数对控制过程的影响趋势，按照先比例、再积分、后微分的步骤对参数进行整定。

（1）整定比例部分，将比例系数由小变大，并观察相应的系统响应，直至得到反应快、超调小的响应曲线。

（2）若在比例控制基础上系统静差不能满足设计要求，则加入积分环节，整定时首先置积分时间 T_I 为很大值，并将经第（1）步整定得到的比例系数略微缩小（如缩小至原值的 0.8），然后减小积分时间，使在保持系统良好动态性能的情况下，静差得以消除，在此过程中，可根据响应曲线的好坏反复改变比例系数和积分时间，以期得到满意的控制过程和整定参数。

（3）若使用比例积分控制消除了静差，但动态性能经反复调整仍不满意，则可加入微分环节，在整定时，先置微分时间 T_D 为零，在整定基础上增大 K_D，相应地改变比例系数和积分时间，逐步试凑以获得满意的控制效果。

在计算机控制系统中，PID 控制是通过计算机程序实现的，由于在计算机控制系统中有零阶保持器带来的相位滞后，其控制效果不如连续控制系统，但因为软件编程的灵活性很大，一些在模拟 PID 控制器中难以实现的改进算法（如积分分离 PID、不完全微分 PID）均可实现，以改进控制效果，满足不同控制系统的需要。加入速度 PI 控制器之后的直流电机转速单闭环控制结构如图 2-119 所示。

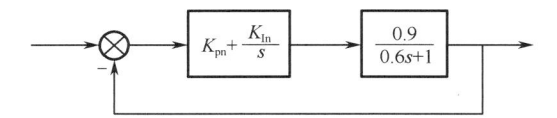

图 2-119　直流电机转速单闭环控制结构

由图 2-119 可知，单闭环控制结构是非典型的二阶系统，闭环传递函数可以表示为

$$\Phi(s)=\frac{\dfrac{K_{pn}K}{T}s+\omega_n^2}{s^2+2\zeta\omega_n s+\omega_n^2}=\frac{\dfrac{K_{pn}K}{T}s+\dfrac{K_{In}K}{T}}{s^2+\left(\dfrac{1+K_{pn}K}{T}\right)s+\dfrac{K_{In}K}{T}} \tag{2-62}$$

其中，$K=0.9$，$T=0.6$。

按照二阶系统阻尼比与自然频率之间的关系，可以得到

$$\begin{cases}2\zeta\omega_n=\dfrac{1+K_{pn}K}{T}\\ \omega_n^2=\dfrac{K_{In}K}{T}\end{cases} \tag{2-63}$$

选择合适的阻尼比和自然频率，就可以计算出模拟系统中的 PI 控制器参数。利用 MATLAB/Simulink 对控制系统进行仿真验证。经过计算与调试，选择 $\zeta=0.9$，$\omega_n=8$，能够计算得到速度环 PI 参数分别为 $K_{pn}=8$，$K_{In}=43$。

```
%程序名 m12_1
num=[7.2 38.7];
den=[0.6 1 0];
bode(num,den)        %此函数为对数频率特性作图函数，即 Bode 图
margin(num,den)      %此函数能在 Bode 图上标注幅值裕度和对应的频率，相位裕度和对应的频率
grid on
```

系统开环 Bode 图如图 2-120 所示。

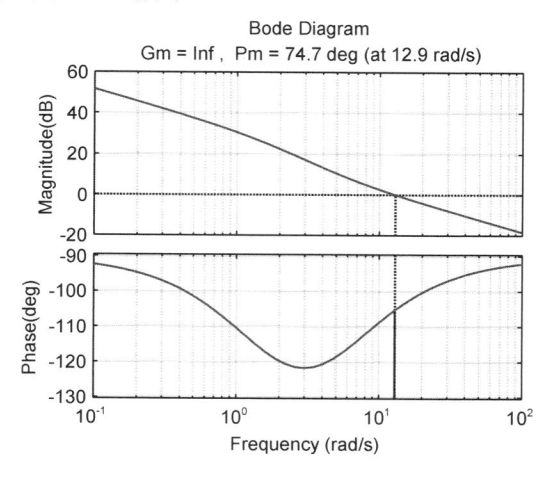

图 2-120 系统开环 Bode 图

系统稳态速度误差系数为
$$K_v = \lim_{s \to 0} sG'(s) = \lim_{s \to 0} s \cdot \frac{8s+43}{s} \cdot \frac{0.9}{0.6s+1} = 38.7 \quad (2\text{-}64)$$

开环截止频率为 $\omega_c = 12.9 \text{rad/s}$

相位裕度为 $\gamma = 74.7°$

幅值裕度为 $h = \infty$

构建的原理图如图 2-121 所示，仿真效果如图 2-122 所示。

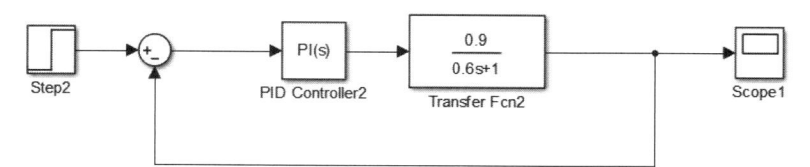

图 2-121 用 MATLAB 设计模拟 PI 控制器原理图

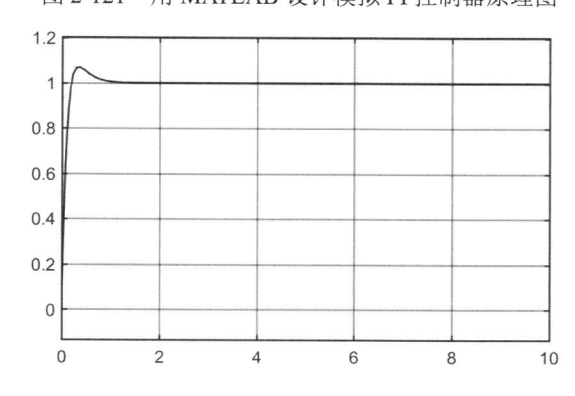

图 2-122 模拟 PI 控制效果

在实际控制系统中，往往需要采用数字 PI 的方式对系统进行控制，因此需要将模拟 PI 转化为数字 PI，在采样周期很小的情况下，可以用数字 PID 控制算法逼近模拟 PID 控制算法，其各项控制参数也存在着对应关系。可以用 Simulink 搭建数字 PI 控制器，数字 PI 控制器的参数分别设置为 8、43（积分参数未乘以采样时间），采样时间为 5ms，构建的原理图如图 2-123 所示，将 PI 控制器的输出限幅取消，仿真效果如图 2-124 所示。

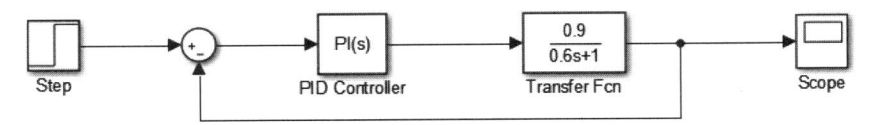

图 2-123　用 MATLAB 设计数字 PI 控制器原理图

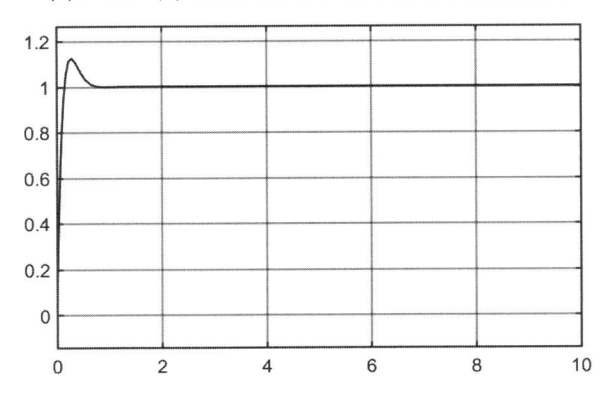

图 2-124　数字 PI 控制效果

可以改变 K_p、K_I、T 这些参数，以期获得理想的实验效果。

记录 K_p、K_I、T、σ、t_s 参数，在表 2-7 中填入各参数与结果。

表 2-7　各参数与结果

序　号	K_p	K_I	T	σ（超调量）	t_s（调节时间）
1					
2					
3					

实验结果参考图如图 2-125 所示。

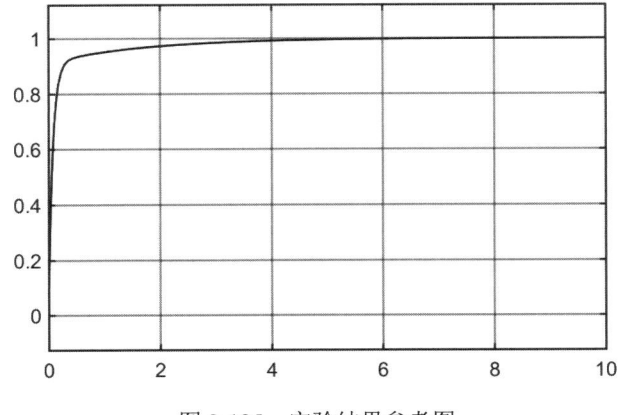

图 2-125　实验结果参考图

五、实验报告要求

（1）采用增量式数字 PID 控制算法进行控制，试确定 K_P、K_I、K_D 及采样周期 T 的值，并对不同的控制效果进行对比分析，最后确定一组满意的控制参数。

（2）分析 K_P、K_I 参数的变化对控制效果的影响。

六、思考题

（1）在本实验的 MATLAB 仿真程序中，PI 控制器的输出限幅均为无限大，而在实际的实验平台上，数字控制器的输出存在天然的输出限幅（采集卡的 D/A 输出范围为±5V），试分析这会对系统的控制效果产生什么影响。

（2）结合本实验，试分析频域串联校正与时域 PID 控制之间的内在联系。

2.4.2 实验二 直线一级倒立摆 PID 控制系统设计

该实验主要介绍 PID 控制算法在倒立摆系统上的应用。PID 控制算法中的比例控制、积分控制和微分控制虽有优点，但也有缺点。正如苏轼所说的"月有阴晴圆缺，此事古难全"。微分控制能及时克服干扰，这是它的优点，同时也有相应的缺点：因为已有干扰，就施加控制，反而引起系统振荡，正如"成也萧何，败也萧何"的历史典故。比例控制反映了人的预测思维，在这些人文思维基础上形成了 PID 控制科学思维。PID 控制算法之所以应用广泛，核心原因之一就是融合了人文思维和科学思维，体现了人工智能思想。

一、实验目的

（1）掌握对实际系统进行建模的方法，熟悉使用 MATLAB 对系统模型进行仿真。

（2）理解并掌握 PID 控制的原理和方法，并应用于直线一级倒立摆的控制。

（3）掌握采用实验方法进行控制器参数的设置。

二、实验原理

PID 控制算法是一种广泛用于控制系统的算法。在倒立摆系统中，PID 控制器通过调整系统的比例、积分和微分参数，可以有效地控制摆杆的稳定性和位置精度。

首先，比例参数决定了系统对偏差的敏感度。在倒立摆系统中，合适的比例参数可以帮助系统快速稳定住摆杆，避免摆杆大幅度摆动。较大的比例参数可以使系统更快地响应偏差，但过大的比例参数可能导致系统超调量增大，甚至引起系统不稳定。较小的比例参数可以使系统更加稳定，但响应速度可能会变慢。

其次，积分参数用于消除系统的静差。在倒立摆系统中，如果积分参数设置得当，可以有效地减小摆杆稳定位置的偏差，提高系统的定位精度。但是，过大的积分参数可能导致系统响应变慢，甚至出现超调。

最后，微分参数反映了偏差信号的变化趋势。在倒立摆系统中，合适的微分参数可以帮助系统更快地适应外部扰动，保持摆杆的稳定性。微分环节可以预测系统未来的变化趋势，并在偏差信号变得太大之前引入修正信号，从而加快系统的响应速度，减少调节时间。

综上所述，通过合理调整 PID 控制器的参数，可以有效地控制倒立摆的稳定性和位置精度。但是，参数的调整需要基于系统的具体特性和实验结果进行反复尝试和优化。在实际应用中，通常需要通过实验和仿真相结合的方法来确定最佳的 PID 参数组合。

三、实验设备

直线一级倒立摆、MATLAB 软件、计算机、接线若干。

四、实验内容

对于 PID 控制参数，采用以下方法进行设定。

实际系统的物理模型：

$$\varphi(s) = \frac{0.3}{0.02s^2 - 0.27} \tag{2-65}$$

首先打开 MATLAB 软件，找到图 2-126 所示的 Simulink 编辑器窗口。

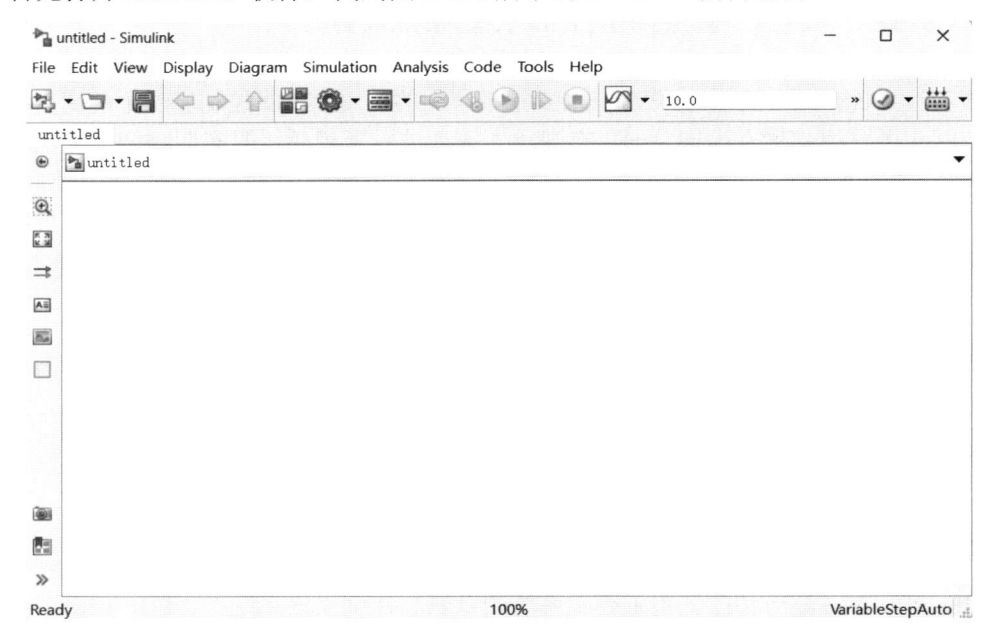

图 2-126　Simulink 编辑器窗口

然后单击【Library Browser】按钮，找到库文件，分析控制模型，找到所用到的函数。最后在 Simulink 中建立图 2-127 所示的直线一级倒立摆控制模型。

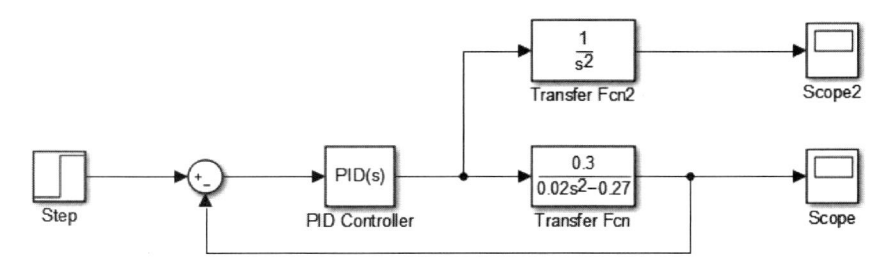

图 2-127　直线一级倒立摆控制模型

单击 ▶ 按钮，双击【Scope】模块，得到系统仿真曲线，此时系统不稳定，发散，仿真结果如图 2-128 所示。

先设置 PID 控制器为 P 控制器，令 $K_p = 40$，$K_I = 0$，$K_D = 0$，得到的仿真结果如图 2-129 所示。

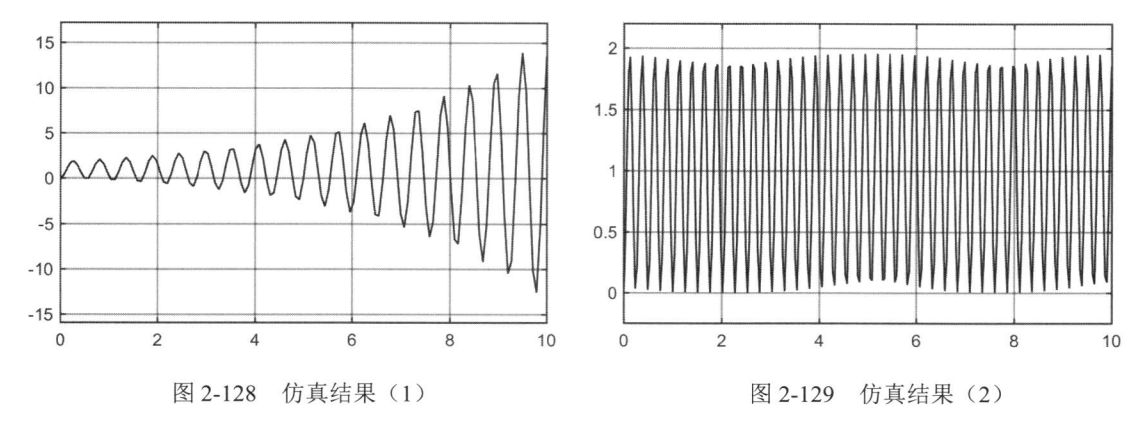

图 2-128　仿真结果（1）　　　　图 2-129　仿真结果（2）

仍设置 PID 控制器为 P 控制器，令 $K_p=40$，$K_I=10$，$K_D=0$，如图 2-130 所示，得到的仿真结果如图 2-131 所示。

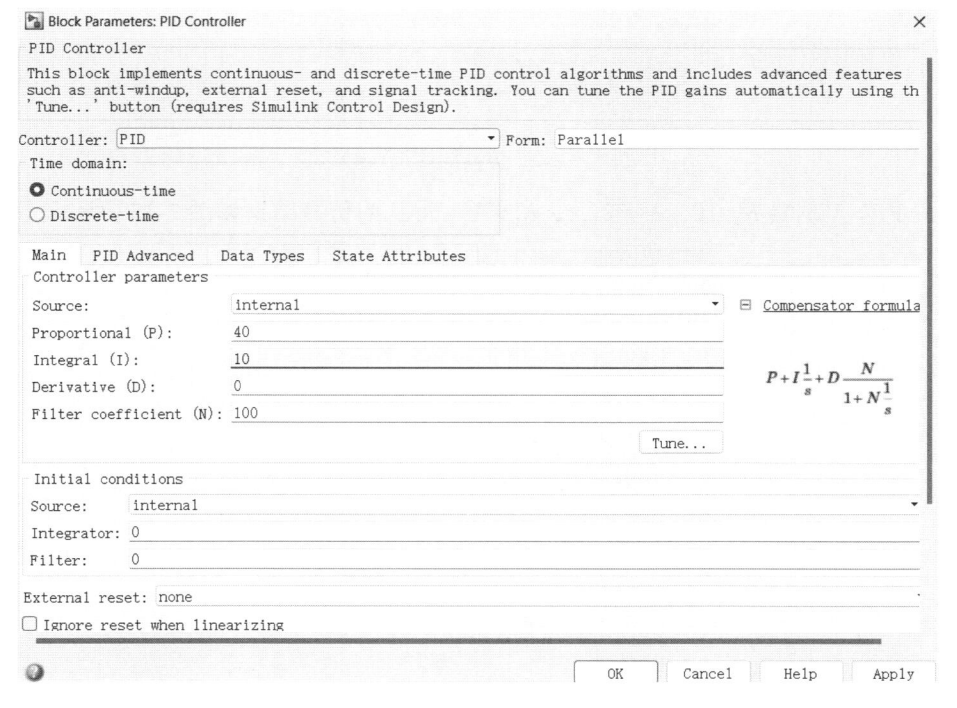

图 2-130　参数调整图

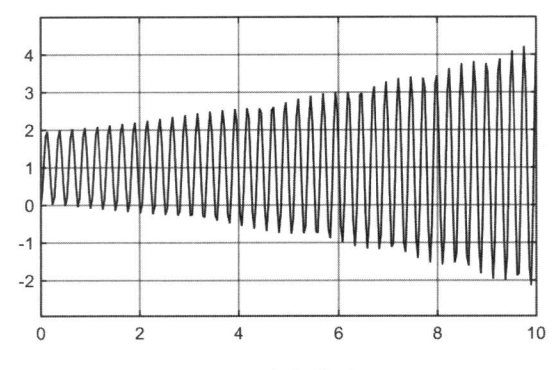

图 2-131　仿真结果（3）

保持 PID 控制器 $K_\mathrm{P}=40$，$K_\mathrm{I}=10$，令 $K_\mathrm{D}=2$，得到的仿真结果如图 2-132 所示。

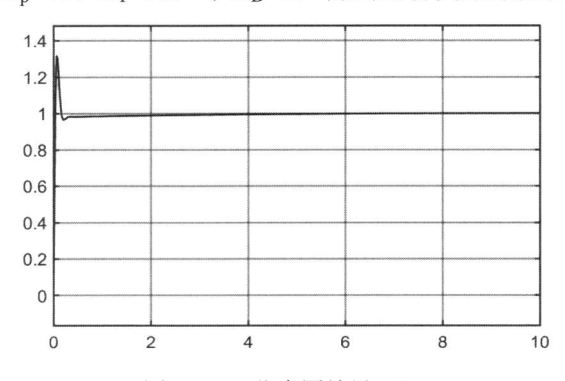

图 2-132　仿真图结果（4）

保持 PID 控制器 $K_\mathrm{I}=10$，$K_\mathrm{D}=2$，令 $K_\mathrm{P}=20$，得到的仿真结果如图 2-133 所示。

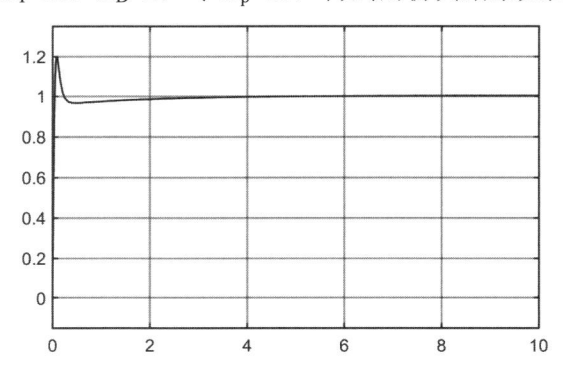

图 2-133　仿真结果（5）

五、实验报告要求

写出实验目的，画出不同参数下的仿真图，并分析比例作用、积分作用、微分作用对系统的影响。

六、实验分析及思考题

在直线一级倒立摆实验中，PID 控制器被广泛应用于控制摆杆的稳定性和位置精度。

通过调整比例参数、积分参数和微分参数，观察摆杆的稳定性和位置精度变化，可以确定最佳的 PID 参数组合。实验结果表明，合适的 PID 参数可以使系统快速响应偏差，减小超调量，提高摆杆的稳定性。实验分析还可以探究系统扰动对倒立摆稳定性的影响。在实际应用中，外部扰动是不可避免的。通过施加不同形式的扰动，观察 PID 控制器对扰动的抑制效果，有助于进一步优化 PID 控制器的性能。实验结果表明，合适的 PID 参数可以有效地抑制扰动，提高系统的鲁棒性。

思考题：进一步探讨 PID 控制器在倒立摆系统中的应用。例如，如何根据系统的动态特性选择合适的 PID 参数？如何改进 PID 控制器以更好地适应扰动和不确定性？如何将 PID 控制算法与其他先进控制方法相结合，提高倒立摆系统的性能？

2.4.3　实验三　双容水箱串级控制实验

液位控制问题是工业生产过程中的一类常见问题，例如，在饮料、食品加工、溶液过滤、化工生产等多个行业的生产加工过程中都需要对液位进行适当的控制。双容水箱串级控制在工业过程控制中应用非常广泛。在水箱水位的控制中，液体首先进入第一个水箱，然后通过第二个水箱流出，由于增加了一个水箱，被控量的响应在时间上更落后一步，即存在容积延迟，从而使该过程难以控制。

本实验用到了 PID 控制算法，在自动控制仪表中，常用的几种基本控制规律为比例、积分、微分，它们都有各自的优点，也有自己明显的缺点。如果简单采用其中某种控制方式，系统的动静态特性将达不到所期望的特性值。因此，有必要采用三者的组合方式，相互配合，发挥各自的优势，完成最优调节。《吕氏春秋·用众》中"物固莫不有长，莫不有短。人亦然。故善学者，假人之长以补其短。"说的正是取长补短的道理。我们每个人都有长处，也有不足，在为人处世、学习、生活上，学会和别人配合，优势互补，形成一个整体和团队，可能会收获更好的成果。

自动控制存在扰动，我们在社会的各种诱惑、干扰下应排除万难成就理想的德行观。而对于我们每个人而言，外界事物纷繁复杂，在当前的学生生涯中，安之若素，不为所动，是对我们每个人的品质修养的考验。每个人既是一个个体，也是一个体系，只要坚守良好的学习习惯，修心养性，一以贯之，最终会排除万难，学有所成。

一、实验目的

（1）掌握串级控制系统的基本概念和组成。
（2）掌握串级控制系统的参数整定方法。
（3）研究阶跃扰动分别作用在副对象和主对象时对系统主被控量的影响。

二、实验设备

实验连接线若干、MATLAB 软件、Simulink 仿真软件。

三、实验原理

上水箱液位作为副控制器调节对象，中水箱液位作为主控制器调节对象。

一个控制器的输出用来改变另一个控制器的设定值,这样连接起来的两个控制器称为"串级"控制器。两个控制器都有各自的测量输入,但只有主控制器具有独立的设定值,副控制器的输出信号发送给被控对象,这样组成的系统才称为串级控制系统。本实验仿真系统的双容水箱串级控制系统如图 2-134 所示。

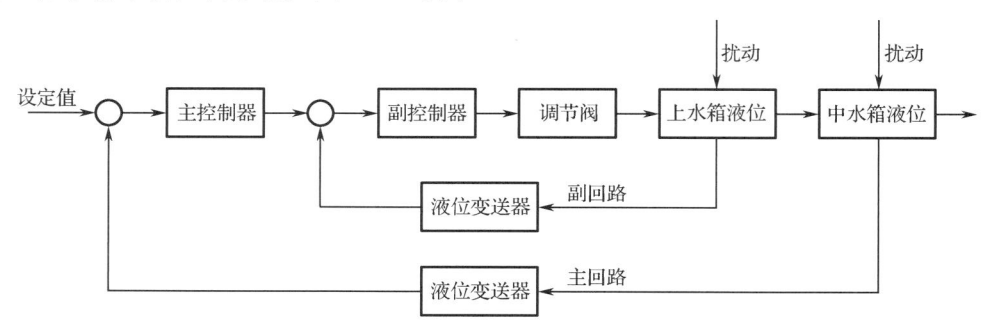

图 2-134 双容水箱串级控制系统

串级控制系统从总体上看,仍然是一个定值控制系统,因此,主变量在干扰作用下的过渡过程和单回路定值控制系统的过渡过程具有相同的品质指标。但是串级控制系统和单回路控制系统相比,在结构上从对象中引入一个中间变量(副变量)构成了一个回路,因此具有一系列特点。串级控制系统的主要优点如下。

(1) 副回路的干扰抑制作用。

发生在副回路的干扰,在影响主回路之前即可由副控制器加以校正。

(2) 主回路响应速度的改善。

副回路的存在使副控制器的相位滞后对控制系统的影响减小,从而改善了主回路的响应速度。

(3) 鲁棒性的增强。

串级控制系统对副控制器及调节阀特性的变化具有较好的鲁棒性。

(4) 副回路的控制作用。

副回路可以按照主回路的需要对质量流和能量流实施精确的控制。

由此可见,串级控制是改善控制过程极为有效的方法,因此其得到了广泛应用。

四、实验内容

1. 单回路控制系统仿真

单回路控制系统响应模拟图如图 2-135 所示,在设定值为 1300 时的阶跃响应曲线如图 2-136 所示。其中,K_p=0.55,K_I = 0.000005。

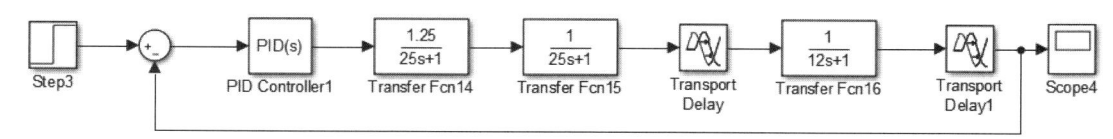

图 2-135 单回路控制系统响应模拟图

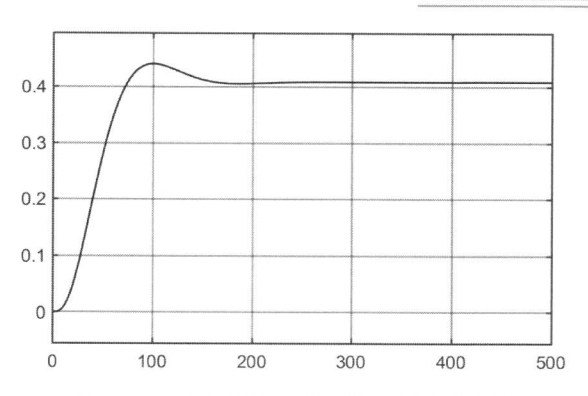

图 2-136 单回路控制系统的阶跃响应曲线

对于单回路控制系统，在系统稳定运行后，突加幅值为 40%的一次阶跃扰动信号，模拟图如图 2-137 所示，系统的阶跃响应曲线如图 2-138 所示，此时系统的调节时间大约为 400s。

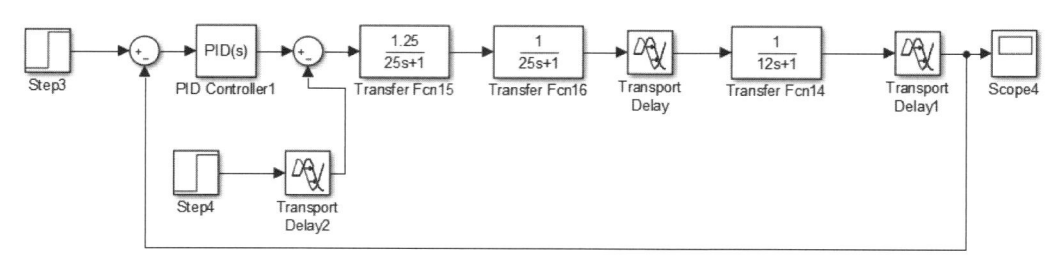

图 2-137 加扰动的单回路控制系统响应模拟图

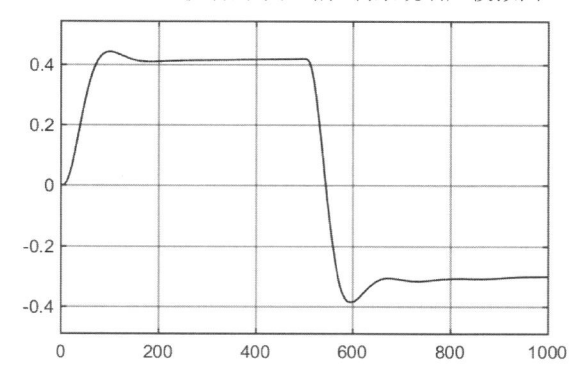

图 2-138 加扰动的单回路控制系统的阶跃响应曲线

2. 串级控制系统仿真

串级控制系统响应模拟图如图 2-139 所示，阶跃响应曲线如图 2-140 所示。

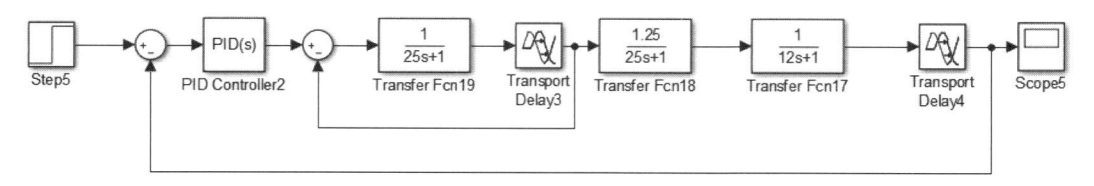

图 2-139 串级控制系统响应模拟图

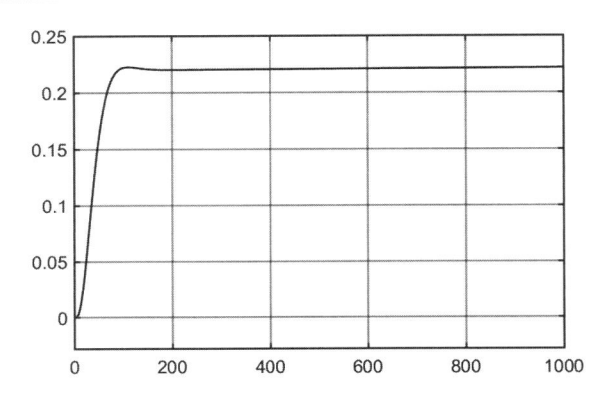

图 2-140 串级控制系统的阶跃响应曲线

当 $K_p=0.45$，$K_I=0.015$ 时，系统稳定 500s 后加扰动（见图 2-141），延迟设置 500s，如图 2-142 所示，其阶跃响应曲线如图 2-143 所示。

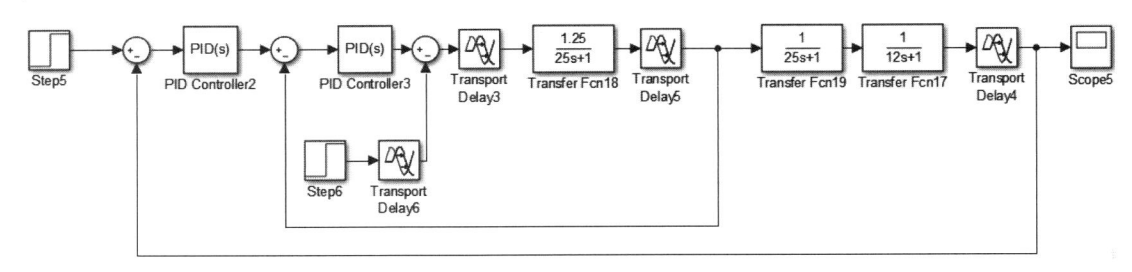

图 2-141 加扰动的串级控制系统响应模拟图

图 2-142 延迟设置

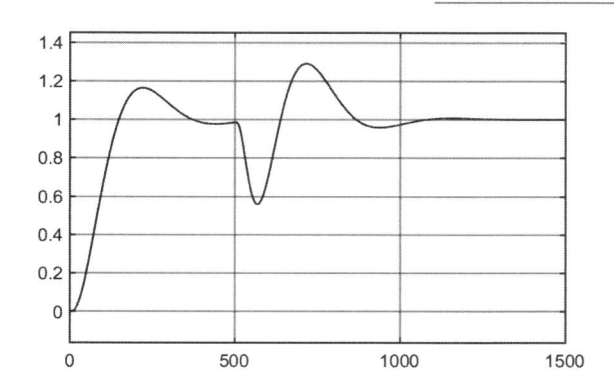

图 2-143　加扰动的串级控制系统的阶跃响应曲线

五、实验报告要求

1. 具体控制策略

（1）P+P 控制。主回路采用纯比例控制，副回路也采用纯比例控制，主回路比例系数固定，分别变大、变小副回路比例系数，得到两条曲线（分别加两种扰动，改变设定值，主回路扰动；打开旁路开关，上水箱进水，副回路扰动）。

（2）PI+P 控制。主回路采用 PI 控制，副回路采用 P 控制，副回路的比例参数固定，主回路改变比例参数，得到两条曲线；改变积分时间常数，得到两条曲线（分别加两种扰动，改变设定值，主回路扰动；打开旁路开关，上水箱进水，副回路扰动）。

2. 其他控制策略

PID+P 控制、PI+PI 控制等，进行自主创新设计。

六、思考题

（1）画出串级控制系统的控制方框图。

（2）分析串级控制和单回路控制的不同之处。

（3）串级控制相比单回路控制有什么优点？

2.4.4　实验四　二阶系统振荡电路的分析及应用

本实验综合信号、系统、电路等方面的知识，通过理论分析、数值仿真、电路设计仿真相结合的方式助力学生对理论知识的理解。2021 年 5 月 18 日中午时分，深圳市赛格大厦（见图 2-144）出现晃动，现场大量人员紧急从大厦撤离。此事件引起网络热议，大量网友发表评论批评该大厦建筑质量太差，导致大楼晃动。然而，2021 年 5 月 18 日晚上 9 时至 19 日下午 3 时受深圳市住建部门委托，多家专业机构对赛格大厦的振动、倾斜、沉降等情况进行实时监测，发现这三项指标均远远小于规范允许值，监测数据未显示异常情况。问题：赛格大厦为什么会晃动，是不是建筑质量太差，为什么政府又让该大厦恢复使用了呢？上海中心大厦，曾经也出现过剧烈的晃动，而且晃动的幅度将近 1m。造成上海中心大厦这么大幅度的晃动的原因是当时路过上海的超强力台风"利奇马"，台风"利奇马"当时的风力属于 17 级，可以说是非常恐怖的。而在当时上海中心大厦历经如此高级别的大风竟然没有出现任何的问题，一度让人称奇。

但是我们也不由得担心，如果高楼晃动太厉害，会不会坍塌，而且，坐在晃动着的高楼里，也感觉不太安全。上海中心大厦能在17级的台风中安然无恙，是不是运气好？当然不是，1m左右的晃动是安全的，而保证大厦不超过这个安全级别的晃动，其本质原因是大厦本身的设计和一个秘密"神器"，即被称为"上海慧眼"的上海中心大厦的质量调谐阻尼器，如图2-145所示。

图2-144 赛格大厦　　　　图2-145 质量调谐阻尼器

一、实验目的

（1）通过自行车尾灯的设计，引导学生设计电路，选择元器件，搭建模型，测试模型。
（2）综合多方面知识，培养学生的综合能力。

二、实验原理

用二阶常微分方程描述的系统，称为二阶系统，其标准形式的闭环传递函数为

$$\frac{C(S)}{R(S)} = \frac{\omega_n^2}{S^2 + 2\zeta\omega_n S + \omega_n^2} \tag{2-66}$$

闭环特征方程：

$$S^2 + 2\zeta\omega_n S + \omega_n^2 = 0$$

其解为

$$S_{1,2} = -\zeta\omega_n \pm \omega_n\sqrt{\zeta^2 - 1}$$

针对不同的 ζ 值，特征根会出现下列4种情况。

（1）$0 < \zeta < 1$（欠阻尼），$S_{1,2} = -\zeta\omega_n \pm j\omega_n\sqrt{1-\zeta^2}$。

此时，系统的单位阶跃响应呈振荡衰减形式，其曲线如图2-146（a）所示。它的数学表达式为

$$C(t) = 1 - \frac{1}{\sqrt{1-\zeta^2}} e^{-\zeta\omega_n t} \sin(\omega_d t + \beta) \tag{2-67}$$

其中，$\omega_d = \omega_n\sqrt{1-\zeta^2}$，$\beta = \arctan\dfrac{\sqrt{1-\zeta^2}}{\zeta}$。

（2）$\zeta = 1$（临界阻尼），$S_{1,2} = -\omega_n$。

此时，系统的单位阶跃响应是一条单调上升的指数曲线，如图 2-146（b）所示。

（3）$\zeta > 1$（过阻尼），$S_{1,2} = -\zeta\omega_n \pm \omega_n\sqrt{\zeta^2-1}$。

此时系统有两个相异实根，它的单位阶跃响应曲线如图 2-146（c）所示。

（4）$\zeta = 0$（无阻尼），$S_{1,2} = \pm j\omega_n$。

此时系统有两个相异虚根，它的单位阶跃响应曲线如图 2-146（d）所示。

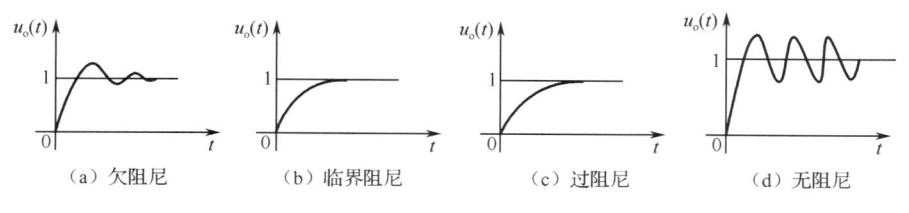

（a）欠阻尼　　（b）临界阻尼　　（c）过阻尼　　（d）无阻尼

图 2-146　二阶系统的动态响应曲线

虽然当 $\zeta = 1$ 或 $\zeta > 1$ 时，系统的阶跃响应无超调产生，但这种响应的动态过程太缓慢，故控制工程上常采用欠阻尼的二阶系统，一般取 $\zeta = 0.6 \sim 0.7$，此时系统的动态响应过程不仅快速，而且超调量小。

典型二阶系统的 RLC 串联电路如图 2-147 所示。

对于一个典型的 RLC 串联电路，无论是零输入响应还是零状态响应，电路过渡过程的性质都完全由特征方程的特征根决定：

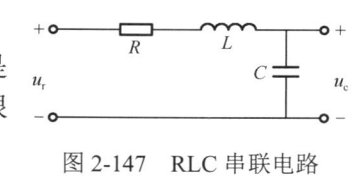

图 2-147　RLC 串联电路

$$G(s) = \dfrac{1}{LCs^2 + RCs + 1} \quad (2\text{-}68)$$

与其标准形式的闭环传递函数相对应，无阻尼的自然振荡角频率及阻尼比分别为

$$\omega_n = \sqrt{\dfrac{1}{T_1 T_2}} = \sqrt{\dfrac{1}{\dfrac{L}{R}RC}} = \sqrt{\dfrac{1}{LC}} \quad (2\text{-}69)$$

$$\zeta = \dfrac{1}{2}\sqrt{\dfrac{T_1}{T_2}} = \dfrac{1}{2}\sqrt{\dfrac{RC}{\dfrac{L}{R}}} = \dfrac{1}{2}R\sqrt{\dfrac{C}{L}} \quad (2\text{-}70)$$

（1）过阻尼（$R > 2\sqrt{\dfrac{L}{C}}$），电路中的电流在放电过程中永不改变方向，电容在全部时间内非振荡放电。

（2）临界阻尼（$R = 2\sqrt{\dfrac{L}{C}}$），电容非振荡放电，波形与过阻尼类似。

（3）欠阻尼（$R < 2\sqrt{\dfrac{L}{C}}$），电容、电压在零值附近进行衰减振荡放电，电流也在零值附近衰减振荡。

（4）无阻尼（$R=0$）。

在三种有阻尼的情况下，测出衰减系数 η、振荡频率 ω_d、超调量 σ，并通过公式 $\eta = \dfrac{R}{2L}$、$\omega_d = \sqrt{1-\zeta^2}\,\omega_n$、$\sigma = e^{-\frac{\zeta\pi}{\sqrt{1-\zeta^2}}} \times 100\%$ 计算出数值，并分析改变参数对动态指标的影响。

三、实验设备

（1）软件工具：Multisim 仿真软件、MATLAB 软件。

（2）主要器件：自动控制原理实验箱、集成运放 LM358/LM324/TL082/TL072、电阻、电容、电感、灯、示波器、数字万用表。

四、实验内容

1. 实验预习部分

学习二阶电路应用的一个实例：分析实际汽车点火系统的电压发生部分，其简化电路模型中不仅有电源（汽车蓄电池）、电阻（系统导线）、电感（点火线圈）、开关（电子点火器），还有电容（汽车电容），从而构成 RLC 串联电路，那么系统是如何工作实现汽车点火的呢？通过此实际工程实例激发学生学习二阶系统动态电路的兴趣，调动学生的积极性。

4 种不同阻尼比下的模拟电路图与响应曲线如图 2-148 所示。

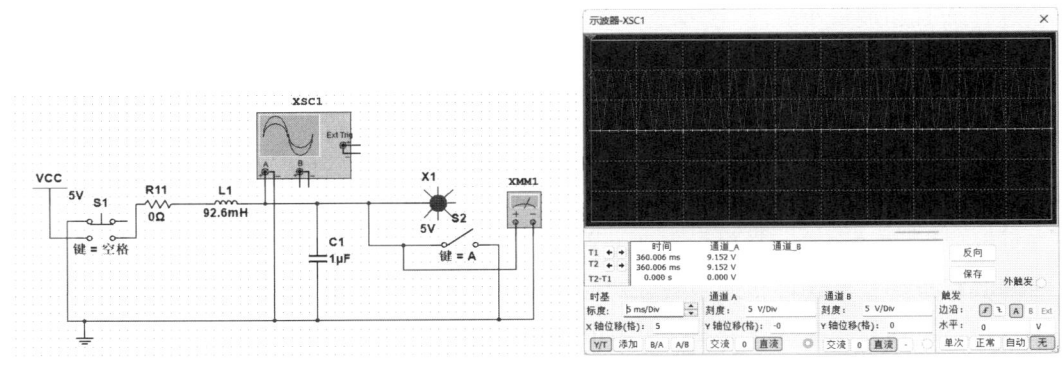

（a）$R=0\Omega$ 无阻尼时的模拟电路图与响应曲线

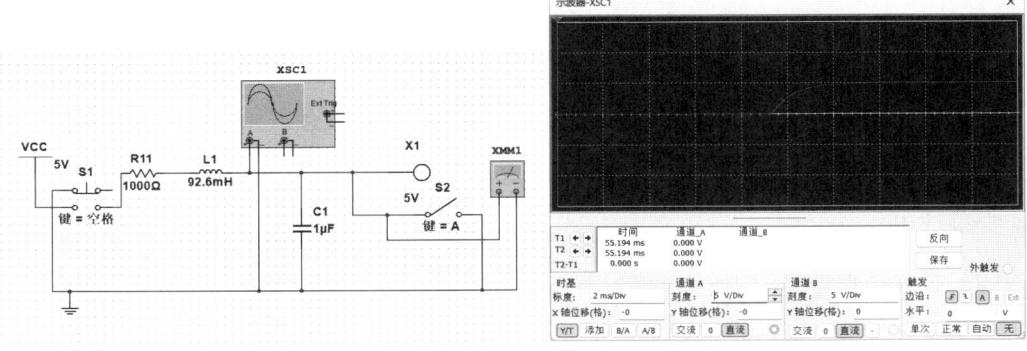

（b）$R=1000\Omega$ 过阻尼时的模拟电路图与响应曲线

图 2-148　不同阻尼比下的模拟电路图与响应曲线

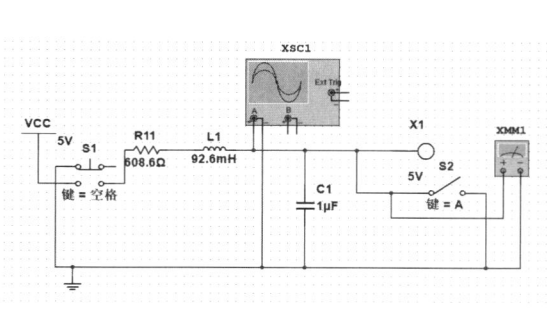

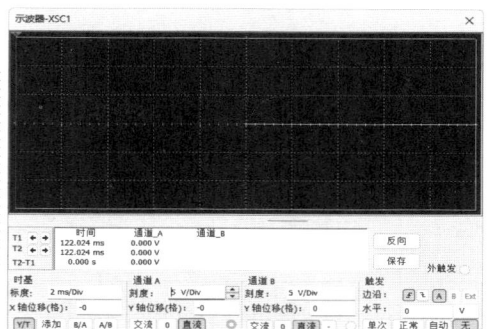

(c) $R=608.6\Omega$ 临界阻尼时的模拟电路图与响应曲线

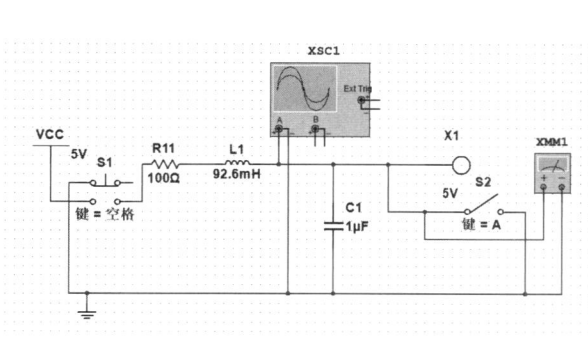

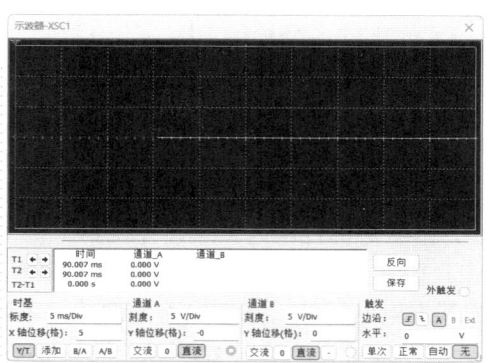

(d) $R=100\Omega$ 欠阻尼时的模拟电路图与响应曲线

图 2-148 不同阻尼比下的模拟电路图与响应曲线（续）

2. 挑战任务

欠阻尼状态下的衰减系数和超调量可以通过示波器观测电容两端的电压波形求得，RLC 串联电路接至方波激励时，呈现衰减振荡暂态过程的波形，如图 2-149 所示。由图可见，设相邻两个最大值的间距为振荡周期 T_d，T_d 也可在示波器上直接读出，因此计算振荡周期为

$$T_d = a\frac{T}{b} \tag{2-71}$$

式中，a 为振荡周期 T_d 所占格数，b 为方波周期 T 所占格数。

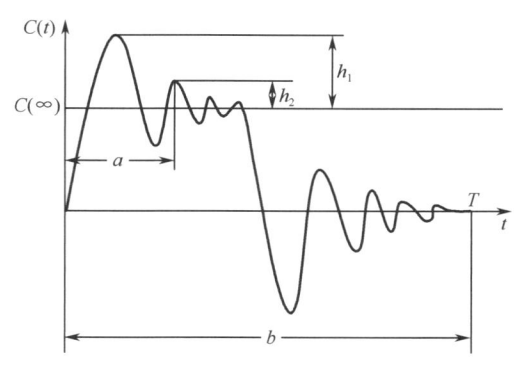

衰减系数为

$$\eta = \frac{1}{T_d}\ln\frac{h_1}{h_2} \tag{2-72}$$

阻尼振荡频率为

$$\omega_d = \frac{2\pi}{T_d} \tag{2-73}$$

超调量为

图 2-149 欠阻尼衰减振荡曲线

$$\sigma = \frac{h_1}{C(\infty)} \times 100\% \qquad (2\text{-}74)$$

观察不同参数的影响，填写表 2-8。电阻阻值在同一状态下可以不同。

表 2-8 不同阻尼状态下振荡动态性能指标变化

电阻/Ω	阻尼状态	阻尼振荡频率 ω_d		超调量 σ		衰减系数 η		波 形
		理论值	测量值	理论值	测量值	理论值	测量值	
	$0 < \zeta < 1$							
	$\zeta > 1$							
	$\zeta = 1$							
	$\zeta = 0$							

3. 高阶任务

电阻、电容和电感是三种基本电路元件，分别由 4 个基本电路变量（电压 v、电流 i、电荷 q、磁通 φ）中两两之间的线性关系来定义。1971 年，美籍华裔科学家 Leon Chua 提出，基于对称性考虑，应该存在第 4 种基本电路元件，它由电荷和磁通之间的关系来定义。基于非线性电流-电压关系定义了一种新的元件——忆阻器（Memristor），并把它当作第 4 种基本电路元件，基本电路元件的关系图如图 2-150 所示。

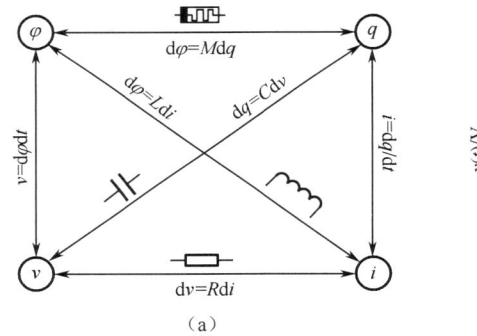

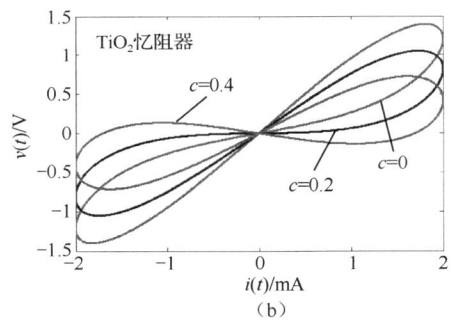

图 2-150 基本电路元件的关系图

一个磁控忆阻器具有光滑的三次单上升的非线性特性曲线，忆阻器的数学模型为

$$\begin{cases} i = w(\varphi)v \\ w(\varphi) = \alpha + 3r\varphi^2 \end{cases} \qquad (2\text{-}75)$$

利用乘法器 AD633、放大器 741、若干电阻和电容、正弦激励设计忆阻器等效实现电路，如图 2-151 所示。得到的忆阻器 "8" 字形磁滞回线如图 2-152 所示。

基于二阶电路的振荡原理，利用三次光滑型忆阻器、电阻、两个电容、一个电感共 4 种动态元件，完成蔡氏电路设计，如图 2-153 所示，系统完成自激振荡，利用 Multisim 仿真软件完成电路的仿真，并应用在迪厅闪烁灯上反映振荡效果，如图 2-154 所示。

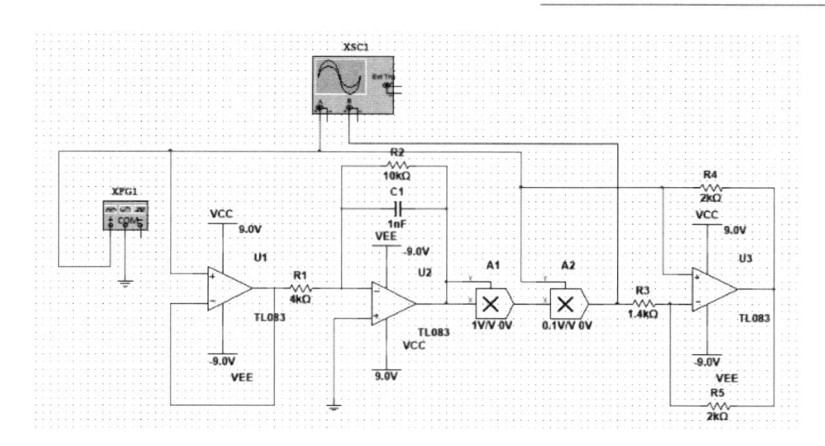

图 2-151　忆阻器等效实现电路

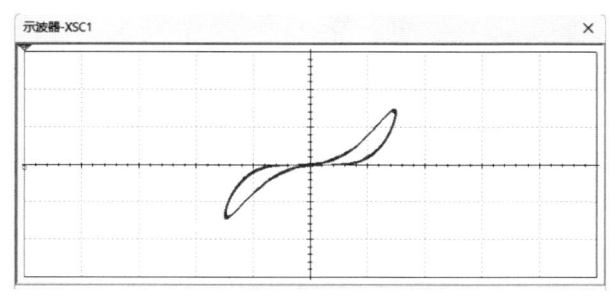

图 2-152　忆阻器"8"字形磁滞回线

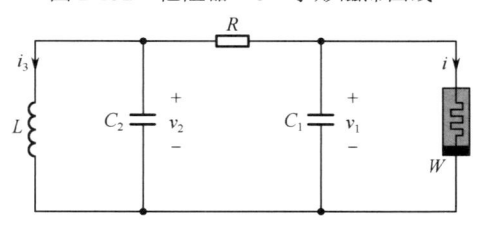

图 2-153　蔡氏电路设计

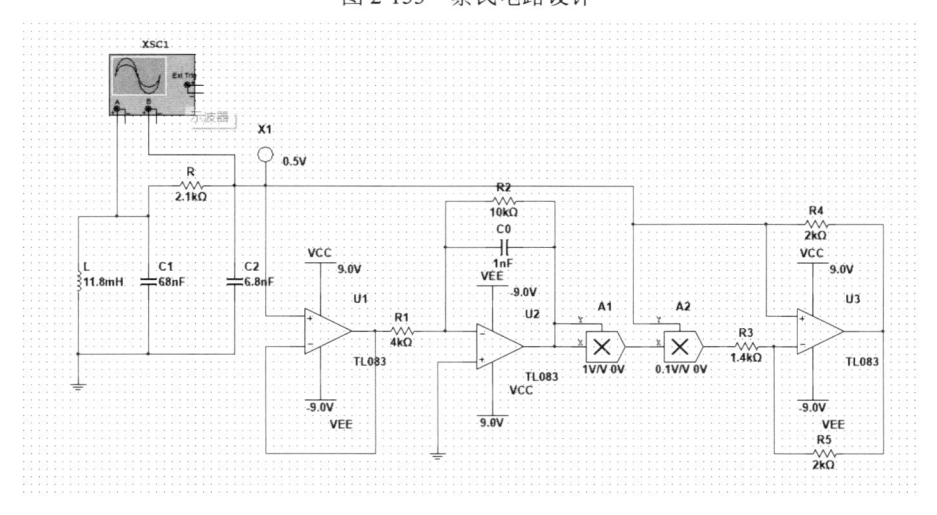

图 2-154　迪厅闪烁灯电路图

输入不同的 R 电阻值,输出不同的波形。当 R=2.1kΩ 时,系统显示的时间波形如图 2-155 所示,电路系统的相图如图 2-156 所示。

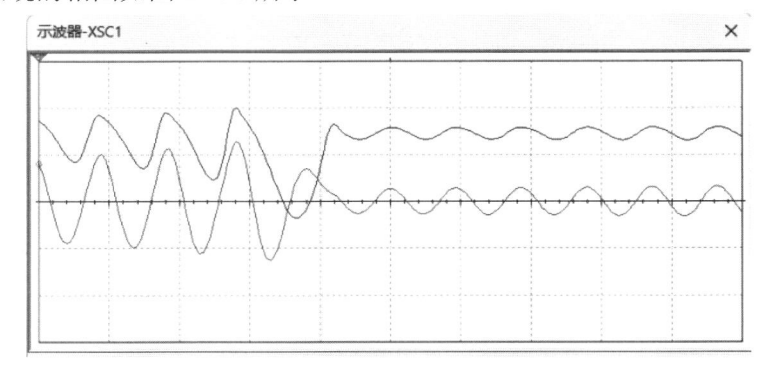

图 2-155　时间波形

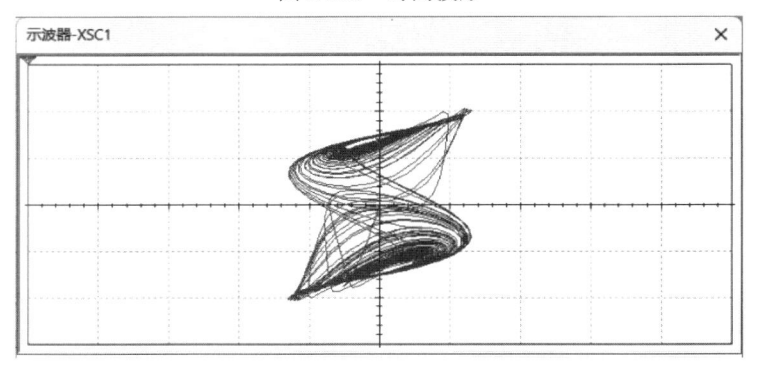

图 2-156　电路系统的相图（双吸引子）

当电阻值 R=1kΩ 时,系统显示的时间波形如图 2-157 所示,电路系统的相图如图 2-158 所示。

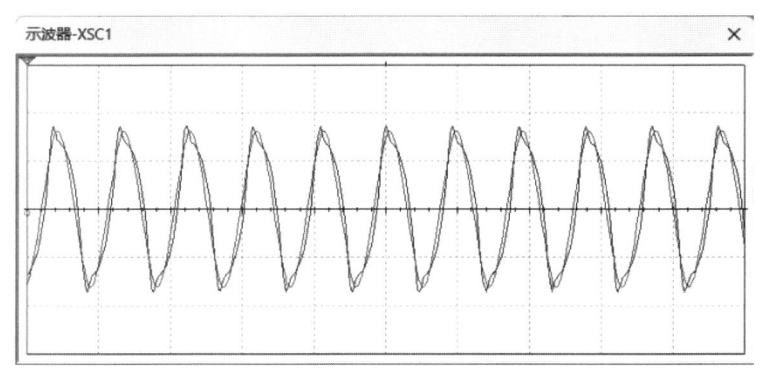

图 2-157　时间波形

通过给出不同的电阻值,观察得到的时间波形图和相图,发现系统不管是周期状态还是混沌状态,都是非线性振荡行为,并且振荡是随机的,根据其随机振荡信号,应用场合有很多,如液体搅拌、灯的无规律闪烁,甚至用在人们的日常生活中,大大提高了应用场景的效率。

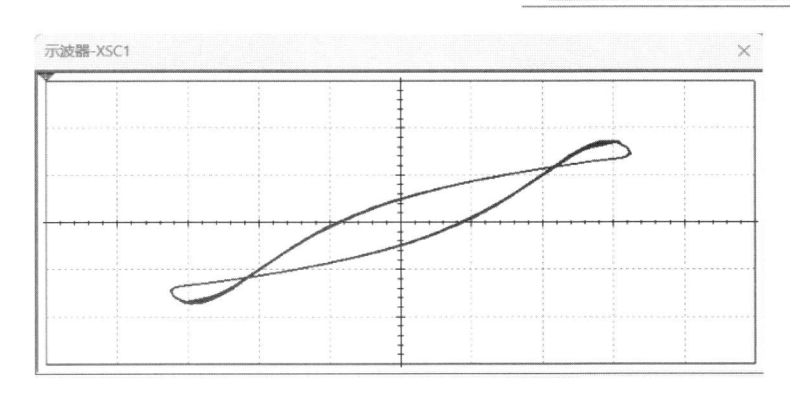

图 2-158 电路系统的相图（单周期吸引子）

综上所述，通过仿真实验，发现理论值与实测值之间存在误差，实际无阻尼振荡在实际工程中是不可能存在的，但通过振荡机理可以培养学生的逻辑思维能力，增强学生的创新意识。

五、实验报告要求

（1）实验需求分析。

了解 RLC 串联电路的实验原理，了解忆阻器的研究现状及应用背景。

（2）理论推导计算。

填写表 2-8，写出详细的计算过程，并分析理论值与测量值误差产生的原因。

（3）电路设计与参数选择。

正确运用 Multisim 仿真软件搭建电路，固定电感值和电容值，分析电阻值如何影响电路振荡行为。完成电路仿真并且得到不同参数影响下的振荡行为。

（4）电路测试方法。正确地使用虚拟示波器和数字万用表对电路进行测试。

（5）实验数据记录。

（6）数据处理分析。

第 3 章 虚拟仪器使用

3.1 LabVIEW 安装

（1）注意安装路径不能有中文，安装包路径也不要有中文。打开解压后的文件夹，进入安装包目录，运行【Install】文件开始安装，进入安装的初始化程序，如图 3-1 所示。

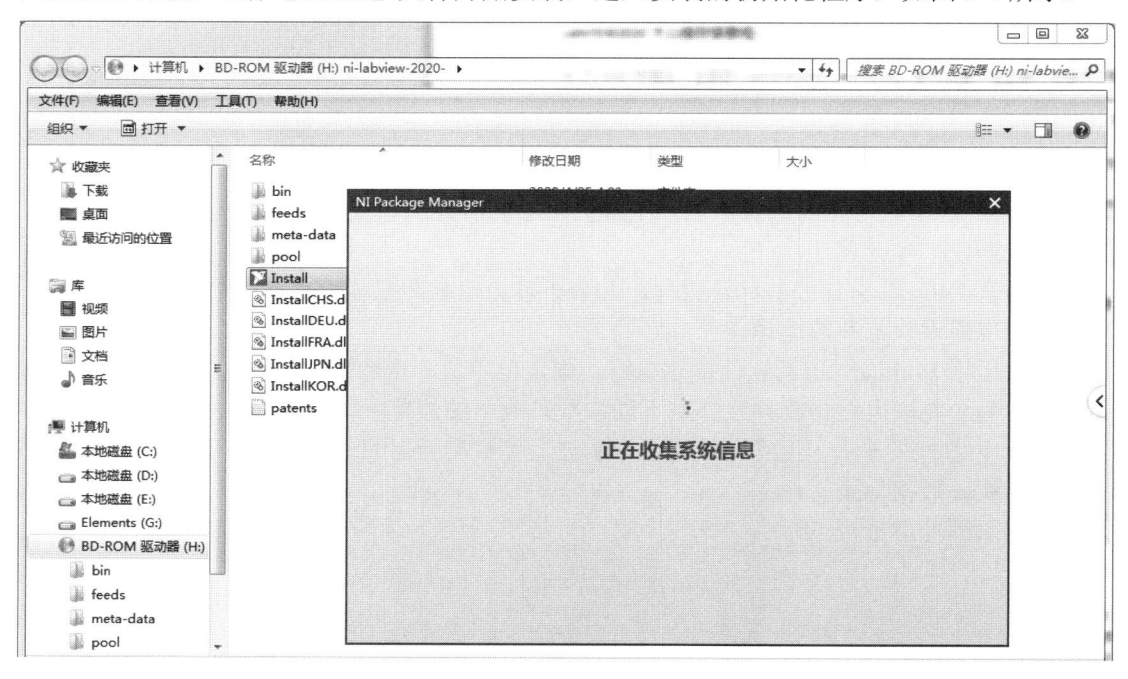

图 3-1 安装图（1）

（2）一般来讲，功能模块使用默认即可。软件安装时，软件会根据前置条件计算依赖关系，判断当前要安装的模块所依赖的其他模块或组件是否已经满足安装条件。如果依赖的前置条件不满足，那么这个模块就不会被勾选，以避免安装后因缺少必要支持而无法正常使用。当然，若不需要默认勾选的功能，则去掉勾选即可，如图 3-2 所示。

（3）确认功能模块后，单击【下一步】按钮。这时会再确认一些授权信息等界面，如图 3-3 所示，自动执行完后接受许可协议。

第 3 章 虚拟仪器使用

图 3-2 安装图（2）

图 3-3 安装图（3）

（4）在图 3-4 中，单击右下角的【我接受上述 3 条许可协议。】单选按钮。如果这里单击【我不接受全部许可协议。】单选按钮（默认），则【下一步】按钮不可用。这里的许可协议是美国国家仪器（National Instrument，NI）公司的。接下来单击【下一步】按钮。

（5）在图 3-5 中单击【我接受上述 2 条许可协议。】单选按钮，再单击【下一步】按钮。

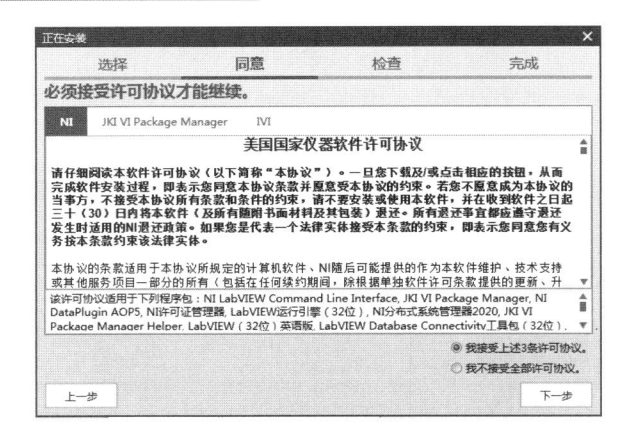

图 3-4　安装图（4）

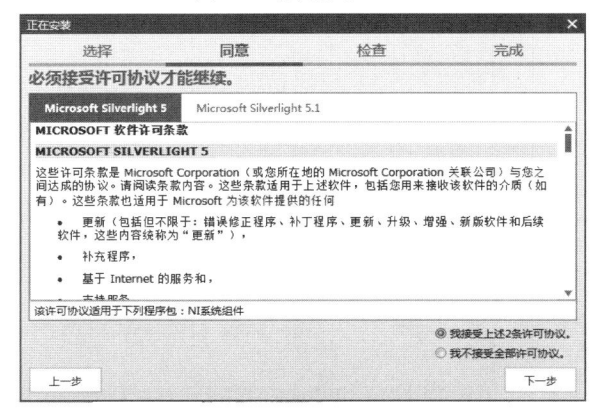

图 3-5　安装图（5）

（6）在检查页面，提示需要更新什么内容（前面已经安装过旧版的 LabVIEW 或 NI 其他软件则使用更新功能），以及要安装什么新的内容（原来没有的，则重新安装）。如果系统没有安装过 NI 软件，则全部安装新功能。在这里还可以单击【上一步】按钮返回修改一些不需要的功能。若都已确认好，则单击【下一步】按钮开始安装，如图 3-6 所示。

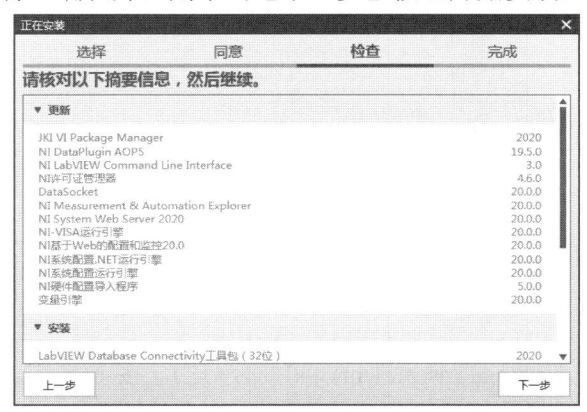

图 3-6　安装图（6）

（7）等待安装过程完成，需要几分钟，如图 3-7 所示。

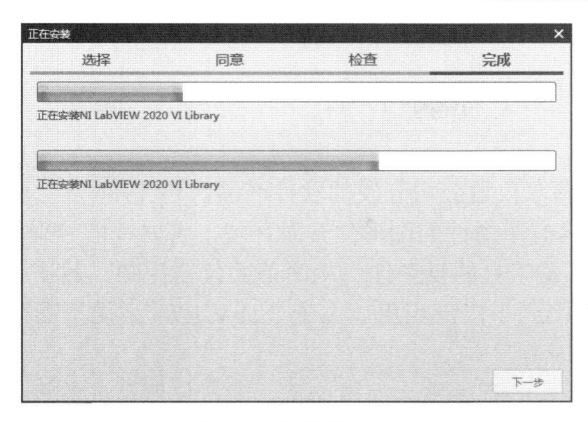

图 3-7 安装图（7）

（8）安装完成后，弹出激活软件，如果账户可以授权，单击【登录后激活】按钮（大众版需要登录后激活），这里为了方便说明，单击【取消】按钮后再激活，如图 3-8 所示。

图 3-8 安装图（8）

（9）安装完成后，需要重启计算机。这里若需要重启，则选择单击右下角的【立即重启】按钮，如图 3-9 所示，若暂时不想重启，则使用右上角的关闭按钮关闭当前安装程序，稍后再重启系统，特别是要安装多个软件或工具包时，可以先不重启，将所有需要安装的工具包都安装后再重启。

图 3-9 安装图（9）

3.2 LabVIEW 程序开发环境

LabVIEW 是美国国家仪器公司开发的软件产品，自 1986 年 1.0 版本问世以来不断升级。LabVIEW 是一个具有革命性的图形化开发环境，它内置信号采集、测量分析与数据显示功能，摒弃了传统开发工具的复杂性。从简单的仪器控制、数据采集到过程控制和工业自动化，LabVIEW 都得到了广泛应用。由于 LabVIEW 采用了图形化的编程方法，因此 LabVIEW 又被称为 G 语言。

应用 LabVIEW 开发的程序称为虚拟仪器。虚拟仪器是计算机技术与仪器技术完美结合的产物，代表仪器发展的方向。

1. LabVIEW 8.5 的运行

正确安装 LabVIEW 8.5 后，执行 Windows 的【开始】→【程序】→【National Instrument LabVIEW 8.5】操作命令，启动 LabVIEW，启动界面如图 3-10 所示。

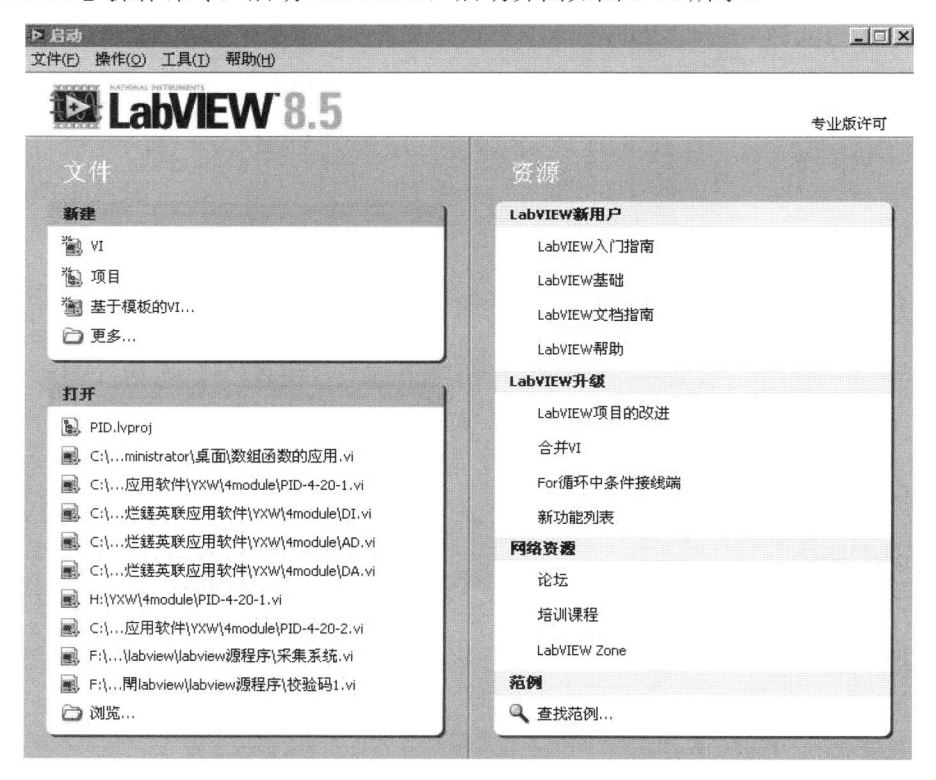

图 3-10 LabVIEW 8.5 启动界面

选择【文件】菜单命令，用户可以新建或打开一个【VI】。另外，用户也可以移动光标到图 3-10 所示的【文件】列表中的【新建】或【打开】等项目上快捷地创建或打开一个【VI】。

执行【文件】→【新建】菜单命令，系统自动弹出 LabVIEW 的前面板（Front Panel）和程序框图（Block Diagram）设计窗口，如图 3-11 所示。

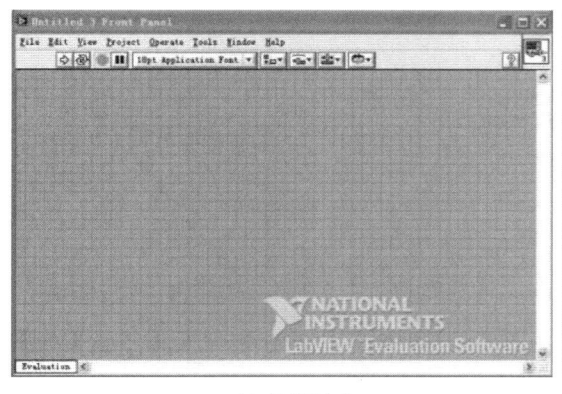

（a）前面板设计窗口　　　　　　　　　　　（b）程序框图设计窗口

图 3-11　LabVIEW 的设计窗口

2. LabVIEW 8.5 的控件选项板、函数选项板和工具选项板

LabVIEW 8.5 提供了 3 种操作选项板，即控件选项板、函数选项板和工具选项板，这些选项板集中反映了该软件的功能和特征。用户通过对这 3 种选项板的操作来完成前面板的设计和程序框图的设计。

控件选项板只能通过前面板才能打开，执行【查看】→【控件】菜单命令，可以打开 LabVIEW 的【控件】选项板，如图 3-12（a）所示。【函数】选项板只能通过程序框图打开，执行【查看】→【函数】菜单命令可以打开【函数】选项板，如图 3-12（b）所示。执行【查看】→【工具】菜单命令可以打开【Tools】（工具）选项板，如图 3-12（c）所示。

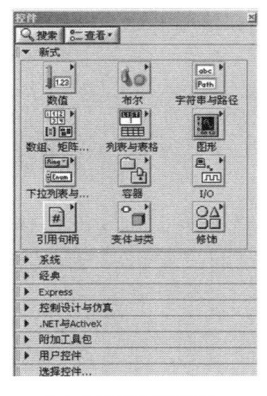

（a）【控件】选项板　　　　（b）【函数】选项板　　　　（c）【Tools】（工具）选项板

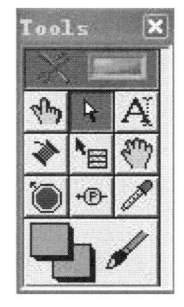

图 3-12　控件选项板、函数选项板和工具选项板

3. 使用 LabVIEW 8.5 的帮助

LabVIEW 8.5 为用户提供了强大的帮助功能，可以帮助用户解决在使用 LabVIEW 8.5 过程中遇到的常见问题。

在启动界面，用户可以根据情况在资源内选择需要寻求的帮助，查看相应内容。例如，当用户单击【帮助】按钮时，将弹出图 3-13 所示的【LabVIEW 帮助】界面。另外，无论在哪个界面，用户只要按【F1】键，都可以调出【LabVIEW 帮助】界面。

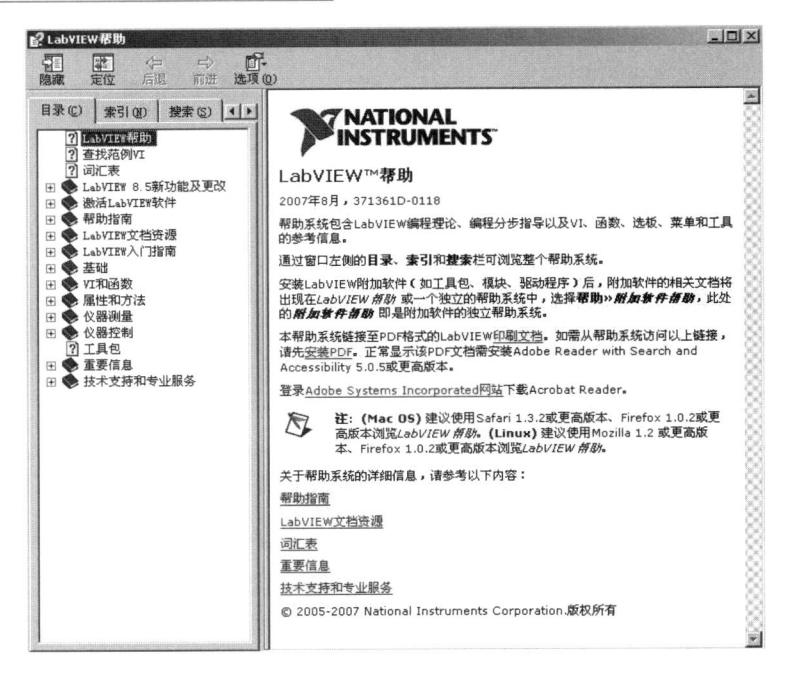

图 3-13 【LabVIEW 帮助】界面

3.3 LabVIEW 在传感器中的应用

  LabVIEW 在传感器与检测技术中的应用主要体现在实验模拟、数据采集、系统控制及数据分析等方面。
  首先，在实验模拟方面，LabVIEW 的虚拟仿真技术可以模拟出各种传感器的工作场景，如温度、湿度、压力等物理量的测量和控制，光电、超声波传感器的测量和控制，以及气体浓度测量等。
  其次，在数据采集方面，LabVIEW 作为一款图形化编程语言，能够快速搭建数据采集系统。通过与各种传感器连接，它可以实时收集来自传感器的数据，为后续的检测和分析提供原始数据。
  再次，在系统控制方面，LabVIEW 可以构建出传感器控制系统，实现对传感器工作状态的精确控制。通过编程，可以设定传感器的参数，调整其工作状态，以满足特定的检测需求。
  最后，在数据分析方面，LabVIEW 提供了强大的数据处理和分析功能。它可以对收集到的传感器数据进行处理，如滤波、平滑等，以消除噪声和干扰。同时，还可以利用 LabVIEW 的数据分析工具，对传感器数据进行统计分析、趋势预测等，从而得出有关被检测对象的更多信息。
  总的来说，LabVIEW 在传感器与检测技术中的应用是多方面的，它可以有效地提高传感器的使用效率和检测的准确性，对提升传感器与检测技术的应用水平具有积极意义。

第 4 章　传感器实验

4.1　教学目标

随着传感器技术的快速发展和广泛应用，学术界和工业界对传感器技术的研究和发展进行了深入探讨和引人注目的思考。传感器技术的发展和应用不仅对智能制造、智能生活等方面有着重要的促进作用，而且涉及社会经济发展和可持续发展等诸多方面。传感器技术因具有智能化、数字化、网络化等时代特征，已逐渐成为一种前沿技术，对人类社会的发展起到至关重要的作用。

4.1.1　知识目标

（1）了解传感器的工作原理及工业自动化控制的基本过程；
（2）能够使用常用工业传感器进行压力、温度、速度、位移的测量；
（3）对测量过程中存在的问题能够进行分析和排除；
（4）对规定任务有一定的创新能力；
（5）对现场常见的传感器应用系统具有一定的维护维修能力。

4.1.2　能力目标

（1）培养学生利用手册或网络查阅相关资料和学习的能力；
（2）培养学生规范装配、检测和使用实验设备的操作能力；
（3）使学生具有整理技术资料与文件书写的能力；
（4）培养学生互相帮助、共同学习、团结协作的能力；
（5）使学生具有与职业岗位直接接轨的职业行为能力。

4.1.3　素质目标

在以实际操作过程为主的项目教学过程中，锻炼学生的团队合作能力、专业技术交流的表达能力、制订工作计划的方法能力、获取新知识和新技能的学习能力、解决实际问题的工作能力，以及培养良好的职业道德和高度的职业责任感。

4.2　思政案例

传感器技术相关课程的思政建设也需注重与当代社会发展对接，关注教育创新和人才培养。我们应该紧密结合技术创新和经济、社会发展的实际需求，制定有意义、具实效的课程设计，推动传感器技术教育创新与人才培养。同时，开展深入广泛的实践活动，鼓励学生自主学习和探究，激发他们的科技创新热情，培养他们的实践能力和实践精神等。此外，在课程上不能止步于知识传授，而应该引导学生深入思考和分析传感器技术与社会、伦理、文化等方面的关系，推动学生不断形成健全的人生观和价值观。

1. 传感器检测

计量是实现单位统一、量值准确可靠的活动。中国古代以度量衡（长度、容量、质量）和时间为主要内容的计量技术，有着悠久的历史。早在父系氏族社会，度量衡和计时已是农业文明的基础。古书记载，黄帝以干支记日、月，并创立度、量、衡、里、数五个量，继而尧命羲和参照日月、星辰制定历法。舜东巡时协调各部落氏族的日月和四时季节，统一音律和度量衡。此后，历朝历代更替必重整度量衡，度量衡成为国家治理和促进社会进步的重要技术基础。

关于伏羲、女娲的传说有很多，但都有一个共同点：他们的画像中大都是女娲持规，伏羲持矩。《周易·系辞》云："上古结绳而治。"《春秋左传集解》云："古者无文字，其有约誓之事，事大大其绳，事小小其绳，结之多少，随扬众寡，各执以相考，亦足以相治也。"公元前221年，秦始皇统一六国后，实施"车同规，书同文，统一度量衡"。结绳记事如图4-1所示。

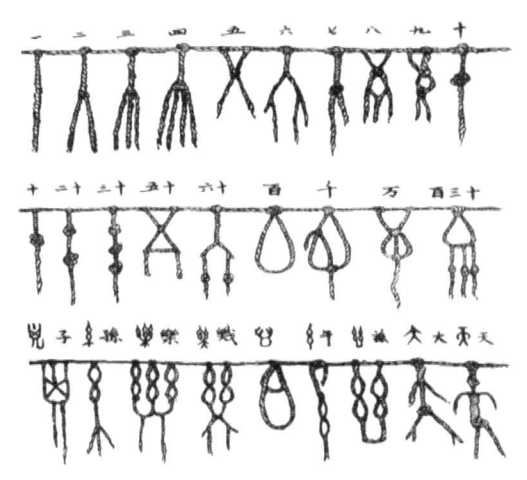

图 4-1　结绳记事

指南针，古代叫司南，主要组成部分是一根装在轴上的磁针，磁针在天然地磁场的作用下可以自由转动并保持在磁子午线的切线方向上，磁针的南极指向地理南极（磁场北极），利用这一性能可以辨别方向，其常用于航海、大地测量、旅行及军事等方面。

张衡初造的地动仪是世界上第一架地震仪,也是有史以来人类第一次运用科学手段来感知地震方向的器具。地动仪有八个方位,它们分别是东、南、西、北、东南、西南、东北、西北,每个方位上均有含龙珠的龙头,在每个龙头的下方都有一只蟾蜍与其对应。任何一方如有地震发生,该方向龙口所含龙珠即落入蟾蜍口中,由此便可测出发生地震的方向。司南和地动仪如图 4-2 所示。

司南　　　　　　　　　　　　　　　地动仪

图 4-2　司南和地动仪

2. 传感器应用拓展

1) 传感器的发展历程

一辆高速列车运行的关键是一个神秘的部件,只有这个部件安装到位,一辆高速列车才能真正被激活。而这个部件的生产流程和参数,至今仍被看作高铁列车生产的最高商业机密。这个神秘的部件叫作 IGBT（绝缘栅双极晶体管）,被称为中国高铁的"心脏",是对高速列车复杂的电力系统进行控制的芯片,它只有指甲盖大小,但是却能让中国新型高速列车的能耗降低近 1/3。目前,全球最先进的 IGBT 生产线仅有两条,其中一条在株洲。2014年 6 月 20 日,中国首条 8 英寸 IGBT 专业芯片线在中车株洲所建成,打破国外垄断,自此高铁"心脏"印上了"株洲制造"的标签,如图 4-3 所示。

案例升华让学生切实感受制造强国、创新强国、研发强国、责任强国的重要性,激发学生爱国之情,帮助学生确立民族自信,同时激发学生对工科专业知识的学习兴趣,鼓励学生为早日实现中华民族伟大复兴而贡献自己的力量。

图 4-3　中国高铁的"心脏"

2）温湿度传感器

温湿度传感器在智慧农业温室环境控制系统中的应用，无疑是现代农业科技发展的一大亮点。这类传感器能够实时监测温室内的温度和湿度，为农业生产提供精准的数据支持，帮助农民科学调控温室环境，实现农作物的高产、优质、高效。

我国农业科技的发展正处于快速上升阶段。近年来，随着物联网、大数据、人工智能等新一代信息技术的快速发展，智慧农业成为推动我国农业现代化转型的重要力量。除温湿度传感器外，无人机、智能灌溉系统、土壤监测仪等先进设备和技术也广泛应用于农业生产中，大大提高了农业生产的智能化和精准化水平。

这些科技发展给新农村带来了显著的新变化。一方面，农民的生产方式从传统的经验型向现代的科技型转变，农业生产效率和质量得到大幅提升；另一方面，农村的生活环境得到了改善，农民的生活质量有了显著提高。科技的力量正在让农村变得更加美好、更加宜居。

为了进一步推动农业科技的发展，国家出台了一系列惠农新政策。这些政策不仅加大了对农业科技研发的投入，还鼓励企业和社会力量参与农业科技创新。同时，政府还通过补贴、贷款等方式，支持农民购买和使用先进的农业机械设备和技术，推动农业生产的现代化和智能化。

作为新时代的青年学生，应该深感骄傲和自豪。我国农业科技的发展不仅提高了农业生产效率和质量，也为农民带来了实实在在的利益。我们应该积极学习农业科技知识，掌握先进的农业技术，为推动我国农业现代化贡献自己的力量。同时，也应该关注国家出台的惠农新政策，如图 4-4 所示，了解国家对农业的支持和投入，增强对国家的认同感和爱国情怀。

总之，温湿度传感器在智慧农业温室环境控制系统中的应用只是我国农业科技发展的一个缩影。随着科技的不断进步和国家政策的不断支持，我国农业科技将会迎来更加广阔的发展前景，为新农村建设和农业现代化注入强大的动力。

图 4-4 关注惠农新政策

3）红外传感器和光传感器

红外传感器和光传感器在智能家居模拟系统中的应用实例十分丰富，这些先进技术的应用不仅提高了家居生活的便利性和舒适性，而且反映了我国在智能科技领域的卓越成就。在讲解这些应用实例的过程中，我们可以结合华为、海尔、浪潮、潍柴等高新技术企业的发展成果，帮助学生增长见识，提升他们的民族自豪感和民族自信心。

首先，红外传感器在智能家居中扮演着重要角色。它可以实现对人体活动的精准感知，从而控制家居设备的自动开关。例如，在模拟系统中，当红外传感器检测到有人进入房间时，灯光、空调等设备会自动开启，营造出舒适的居住环境。这种智能化的控制方式不仅提高了生活的便捷性，也体现了我国在红外传感技术方面的领先地位。华为作为我国知名的科技企业，在红外传感技术领域有着不俗的表现。华为研发的智能手机就搭载了先进的红外传感器，实现了面部识别、手势控制等功能，为用户带来了全新的交互体验。此外，华为还在智能家居领域进行了深入布局，推出了多款智能家居产品，通过红外传感器等技术实现了家居设备的互联互通，为用户打造智能化的生活环境。

光传感器在智能家居模拟系统中同样发挥着重要作用。它可以根据环境光线的强弱自动调节家居设备的亮度、色温等参数，为用户创造舒适的视觉环境。例如，在模拟系统中，当光传感器检测到室内光线较暗时，灯光会自动调亮，反之则会调暗，从而保护用户的视力。

海尔作为我国家电行业的领军企业，在光传感器方面也有着丰富的应用经验。海尔的智能家居产品广泛采用了光传感器技术，实现了对室内光线的智能调节。同时，海尔还不断创新，将光传感技术与人工智能技术相结合，推出了更加智能化的家居产品，为用户提供了更加便捷、舒适的生活体验。除华为和海尔外，浪潮和潍柴等高新技术企业也在各自领域取得了瞩目的成就。浪潮作为我国领先的云计算和大数据服务商，为智能家居系统提供了强大的数据处理和分析能力；而潍柴凭借其先进的发动机技术，为智能家居中的智能设备提供了高效、稳定的动力支持。

这些高新技术企业的成功不仅展示了我国在智能科技领域的强大实力，也为国家的经济发展和社会进步做出了重要贡献。通过这些企业的发展成就，我们可以看到中国正在从"中国制造"向"中国智造"迈进，这让学生们深感骄傲和自豪。

4.3 基础实验

4.3.1 实验一 金属箔式应变片单臂电桥性能实验

本实验综合信号、系统、电路等方面知识，通过理论分析、实际操作相结合的方式助力学生对理论知识的理解，通过解释电阻应变片的原理，展示电阻应变片的实际应用领域，发散学生的思维，关注生活和科技发展，激发学生的科研创作积极性，如图4-5所示。

电阻应变片的应用十分广泛，可测量应变、应力、弯矩、扭矩、加速度、位移等物理量。电阻应变片的应用可分为两大类。第一类是将电阻应变片粘贴于某些弹性体上，并将其接到测量转换电路，这样就构成测量各种物理量的专用应变式传感器。在应变式传感器中，敏感元件一般为各种弹性体，传感元件就是电阻应变片，测量转换电路一般为桥路。第二类是将电阻应变片贴于被测试件上，然后将其接到应变仪上就可以直接从应变仪上读取被测试件的应变量。

1. 电阻应变片在土木工程中的应用

应变计电测作为一种无损检测技术在各类工程结构中得到广泛应用，但是电阻应变片的测试结果受温度、湿度、导线长短等环境因素的影响极大。如何处理好这些问题是电阻应变片在土木工程中应用的关键。

使用电阻应变片进行应变计电测可分为两种方法：一种是将电阻应变片直接粘贴在某一受载零件表面上进行测量。这种方法简单，但不够精确；另一种方法是将电阻应变片粘贴在弹性元件上制成传感器，受载后建立载荷与电阻变化间的函数关系，通过预先确定的载荷标定曲线获得测量的载荷值。这种方法所获得的测量结果比较准确。

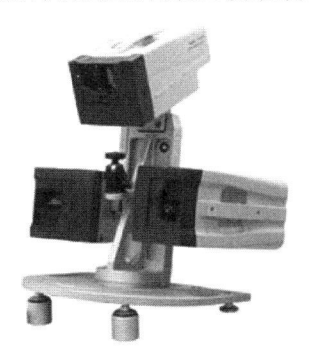

图 4-5 电阻应变片的应用

2. 测定载荷

各种结构在工作运行中要承受各种外力的作用，工程上将这些外力称为载荷。载荷是进行强度和刚度计算的主要依据。在设计时测定载荷通常有三种办法，即类比法、计算法和实测法。下面介绍实测法中的电阻应变法。

电阻应变法测定载荷的方法是利用由电阻应变片、应变仪和指示记录器组成的测量系统进行载荷值的测量。先将电阻应变片粘贴在零件或传感器上，在零件受载变形后电阻应变片中的电阻随之发生变化，由应变仪组成的测量电桥使电阻值的变化转换成电压信号并加以放大，最后经指示器或记录器显示出与载荷成比例变化的曲线，通过标定就可以得到所需数据值的大小。

这种方法现已广泛应用于各种构造物的载荷测定，如船闸、桥梁及房屋建筑等工程领域。

3. 智能健康监测

大型、重要的土木工程结构，如超高层建筑、电视塔、水坝、核电站、海洋采油平台、桥梁等，其服役期长达几十年甚至上百年，在疲劳、腐蚀效应及材料老化等不利因素影响下，不可避免地产生累计损伤甚至产生突发事故。虽然一些事故发生前出现了漏洞、塌陷、开裂等征兆，但因缺乏报警监测系统，无法避免事故的发生。因此，对现存的重要结构和设施进行健康检测，评价其安全状况，修复、控制损伤及在新建结构和设施中增设长期的健康检测系统已成为必需。

目前，钢筋结构的应变监测普遍使用电阻应变片，将之粘贴在结构表面上后埋入砼内，从而对钢筋砼结构进行实时在线的智能健康监测。

一、实验目的

了解金属箔式应变片的应变效应、单臂电桥的工作原理和性能。

二、实验原理

电阻应变式传感器通过特定工艺在弹性元件上粘贴电阻应变片,利用电阻材料的应变效应将工程结构件的内部变形转化为电阻变化。电阻应变片是基于电阻应变效应制作的,即当导体或半导体材料在外力的作用下产生机械变形时,其电阻值会发生相应的变化。半导体应变片是基于半导体材料的压阻效应制作的。半导体材料的某一轴向受外力作用时,其电阻率会发生变化。

电阻应变片是由敏感栅等构成的用于测量应变的元件,使用时将其牢固地粘贴在构件的测点上,构件受力后由于测点发生应变,敏感栅也随之变形而使其电阻发生变化,再由专用仪器测得其电阻变化大小,并转换为测点的应变值。电阻应变片品种繁多,形式多样,常见的有丝式电阻应变片和金属箔式电阻应变片。

应变式传感器主要通过一定的机械装置将被测量转化成弹性元件的形变,然后由电阻应变片将弹性元件的形变转化为电阻的变化,再通过测量电路将电阻的变化转换成电压或者电流变化信号输出。它可用于能转化成形变的各种物理量的检测。

1. 电阻应变片的电阻应变效应

具有规则外形的金属导体或半导体材料在外力的作用下产生应变而其电阻值也会产生相应的改变,这一物理现象称为"电阻应变效应"。以圆柱形导体为例,设其长为 L,半径为 r,截面积为 A,材料的电阻率为 ρ,根据电阻的定义得①$R=\rho L/A=\rho L/\pi r^2$,当导体因某种原因产生形变时,其长度 L、截面积 A、电阻率 ρ 变化为 dL、dA、$d\rho$,相应的电阻变化为 dR。全微分得电阻变化率②$dR/R=dL/L-2dr/r+d\rho/\rho$。式中,$dL/L$ 为导体轴向应变量 εL,dr/r 为横向应变量 εr,由材料力学可知③$\varepsilon L=-\mu\varepsilon r$,式中,$\mu$ 为材料的泊松比,大多数金属材料的泊松比为 0.3~0.5;负号表示两者变化方向相反。将③代入②得④$dR/R=(1+2\mu)\varepsilon+d\rho/\rho$,④说明电阻应变效应主要取决于它的几何应变(几何效应)和本身特有的导电性能(压阻效应)。

2. 应变灵敏度

应变灵敏度是指电阻应变片在单位应变作用下所产生的电阻的相对变化量。

(1)金属导体的应变灵敏度主要取决于其几何效应,取 $dR/R\approx(1+2\mu)\varepsilon L$,其灵敏度系数 $K=dR/\varepsilon LR=1+2\mu$。金属导体在受到应变作用时将产生电阻变化,拉伸时电阻增大,压缩时电阻减小,且与其轴向应变成正比。金属导体的应变灵敏度一般在 2 左右。

(2)半导体的应变灵敏度主要取决于其压阻效应:$dR/R\leqslant d\rho/\rho$。半导体材料之所以具有较大的电阻变化率,是因为它有远比金属导体显著得多的压阻效应。在半导体受力变形时会暂时改变晶体结构的对称性,因而改变了半导体的导电机理,使它的电阻率发生变化,这种物理变化称为半导体的压阻效应。不同材质的半导体材料在不同受力条件下产生的压阻效应不同,可以是正的或者负的压阻效应。也就是说,同样是拉伸变形,不同材质的半导体将得到完全相反的电阻变化效果。

半导体材料的电阻应变效应主要体现为压阻效应,其灵敏度系数较大,一般为 100~200。

3. 贴片式应变片的应用

在贴片式工艺的传感器上普遍应用金属箔式电阻应变片，贴片式半导体应变片很少应用（易产生温漂，稳定性、线性度不好且易损坏），一般半导体应变片采用 N 型单晶硅为传感器的弹性元件，在它上面直接蒸镀扩散出半导体电阻应变薄膜（扩散出敏感栅），制成扩散型压阻式（压阻效应）传感器。

本实验以金属箔式电阻应变片为研究对象。

4. 金属箔式电阻应变片的基本结构

金属箔式电阻应变片是在苯酚、环氧树脂等绝缘材料的基板上，粘贴直径为 0.025mm 左右的金属丝或者金属箔制成的。丝式电阻应变片和金属箔式电阻应变片的结构如图 4-6 所示。

（a）丝式电阻应变片　　　　（b）金属箔式电阻应变片

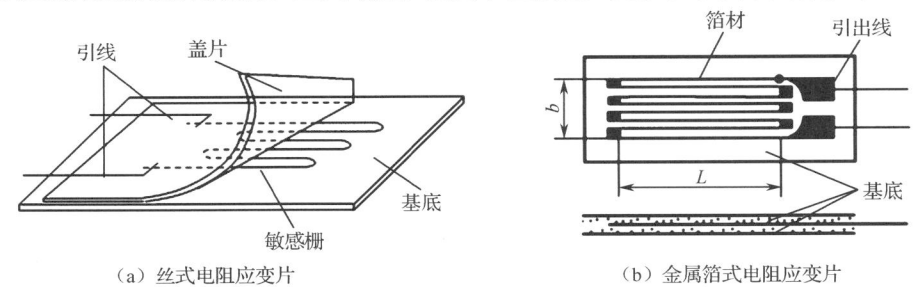

图 4-6　电阻应变片的结构

金属箔式电阻应变片是通过光刻、腐蚀等工艺制成的应变敏感元件，与丝式电阻应变片工作原理相同。当电阻丝在外力的作用下发生机械形变时，其电阻值发生变化，描述电阻应变效应的关系式为 $\Delta R/R=K\varepsilon$。其中，$\Delta R/R$ 为电阻丝电阻的相对变化，K 为灵敏度系数，$\varepsilon=\Delta L/L$ 为电阻丝长度的相对变化。

图 4-7 所示为电阻应变式传感器实验模块的实物图，该实验模块包含基本电桥电路，不同的接线方式可展示单臂或全桥电路。

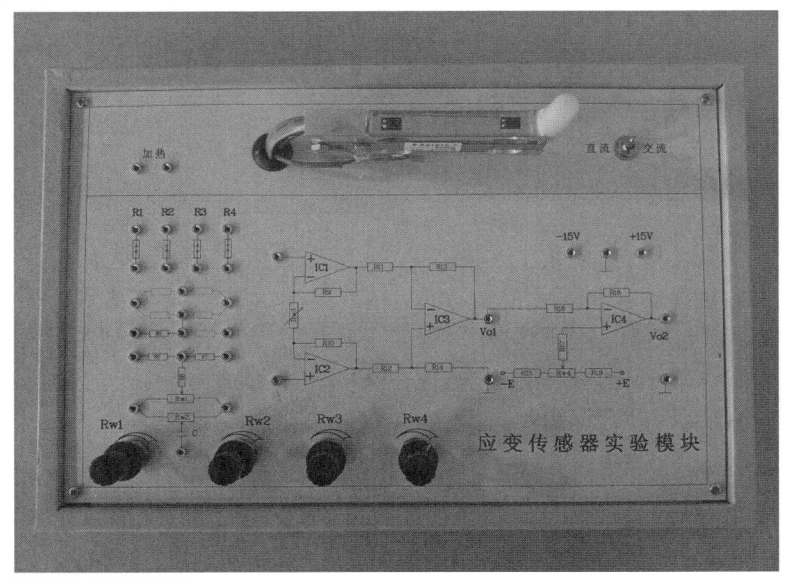

图 4-7　电阻应变式传感器实验模块的实物图

5. 测量电路

为了将电阻应变式传感器的电阻变化转化成电压或者电流信号,在应用中一般采用电桥电路作为测量电路。电桥电路具有结构简单、灵敏度高、测量范围宽、线性度好且易实现温度补偿等优点,能较好地满足各种应变测量要求,因此在测量应变中得到了广泛应用。

电路电桥按其工作方式分为单臂、半桥、全桥三种,单臂工作输出电压最小,线性、稳定性较差;半桥工作输出电压是单臂的 2 倍,性能比单臂有所改善;全桥工作输出电压是单臂的 4 倍,性能最好。因此,为了得到较大的输出电压一般采用半桥或者全桥工作。各测量电路如图 4-8 所示。

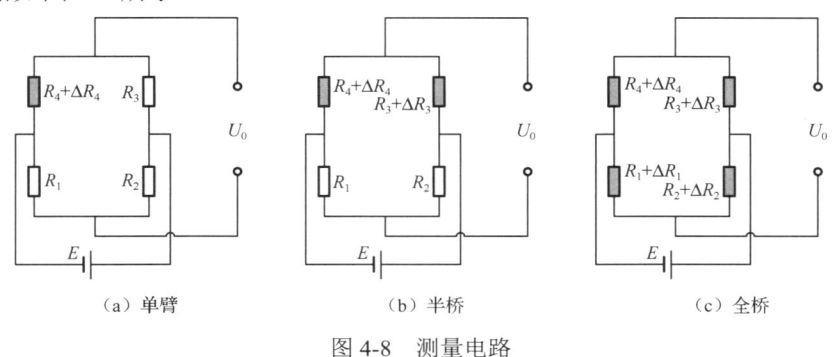

图 4-8 测量电路

1)单臂

$$U_0=U_1-U_3=[(R_4+\Delta R_4)/(R_4+\Delta R_4+R_3)-R_1/(R_1+R_2)]E$$
$$=\{[(R_1+R_2)(R_4+\Delta R_4)-R_1(R_3+R_4+\Delta R_4)]/[(R_3+R_4+\Delta R_4)(R_1+R_2)]\}E$$

设 $R_4=R_3=R_2=R_1$,且 $\Delta R_4/R_4=\Delta R/R<<1$,$\Delta R/R=K\varepsilon$,式中,$K$ 为灵敏度系数,则 $U_0\approx(1/4)(\Delta R_4/R_4)E=(1/4)(\Delta R/R)E=(1/4)K\varepsilon E$。

2)半桥

同理:$U_0\approx(1/2)K\varepsilon E$。

3)全桥

同理:$U_0\approx K\varepsilon E$。

6. 金属箔式应变片单臂电桥实验原理

金属箔式应变片单臂电桥实验原理图如图 4-9 所示。

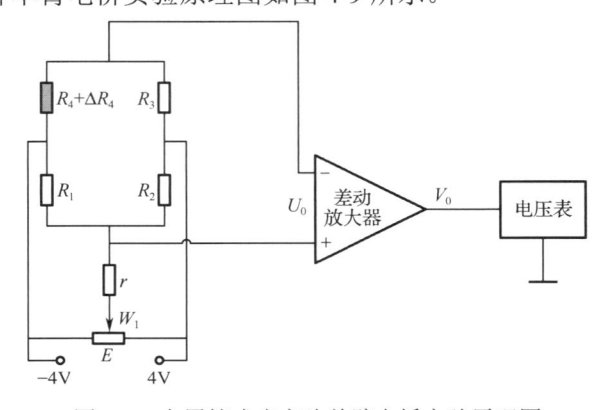

图 4-9 金属箔式应变片单臂电桥实验原理图

其中 R_1、R_2、R_3 为 350Ω 固定电阻，R_4 为电阻应变片；W_1 和 r 组成电桥调平衡网络；供桥电源 E 的大小为±4V；桥路输出电压 $U_0≈(1/4)KεE$；差动放大器输出为 V_0。

三、实验设备

电阻应变式传感器实验模块、砝码、托盘、电压表、直流稳压电源（±15V）、可调直流稳压电源（±4V）、数字万用表（自备）。

四、实验步骤

1. 检查电阻应变式传感器的安装

如图 4-10 所示，电阻应变片已装于电阻应变式传感器模块上，将托盘固定到电子秤支柱上。如图 4-11 所示，传感器中电阻应变片已接入模块左上方的 R_1、R_2、R_3、R_4。没有文字标记的 5 个电阻符号是空的无实体，其中 4 个电阻符号组成的电桥模型是为了电路初学者电桥接线方便而设的。加热丝也接于模块上，可用数字万用表进行测量判别，加热丝初始阻值为 20～50Ω，各应变片初始阻值 $R_1=R_2=R_3=R_4=$（350±2）Ω，R_5、R_6、R_7 为 350Ω 固定电阻，是为电阻应变片组成单臂、半桥电桥而设的其他桥臂电阻。

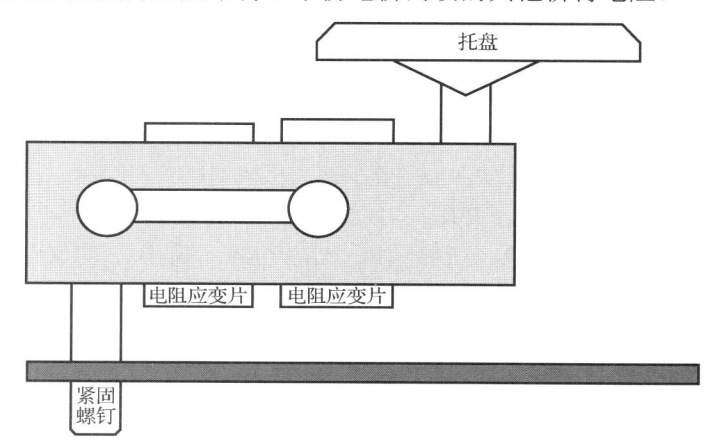

图 4-10 电阻应变式传感器的安装示意图

2. 差动放大器的调零

首先将实验模块调节增益电位器 R_{w3} 顺时针旋转到底（此时放大器增益最大），然后将差动放大器的正、负输入端相连并与地短接，输出端与主控箱上的电压表输入端 V_i 相连。检查无误后从主控箱上接入模块电源（±15V）及地线。合上主控箱电源开关，调节实验模块上的调零电位器 R_{w4}，使电压表显示为零（电压表的量程切换开关打到 2V 挡），关闭主控箱电源（注意：R_{w4} 的位置一旦确定，就不能改变，一直到做完实验为止）。

3. 电桥调零

适当调小增益电位器 R_{w3} 的值（逆时针旋转 1～2 圈，电位器最大可顺时针旋转 5 圈左右），将电阻应变式传感器的其中一个电阻应变片 R_1（模块左上方的 R_1）接入电桥作为一个桥臂与 R_5、R_6、R_7 接成直流电桥（R_5、R_6、R_7 模块内已连接好，其中模块上虚线电阻符号为示意符号，没有实际的电阻存在），按图 4-11 完成接线，给桥路接入±4V 电源（从主控箱电压选择处引入),同时将模块右上角拨段开关拨至左边"直流"挡(直流挡和交流挡调零电阻阻值不同)。检查接线无误后,合上主电源开关,调节电桥调零电位器 R_{w1},使电压表显示为零。

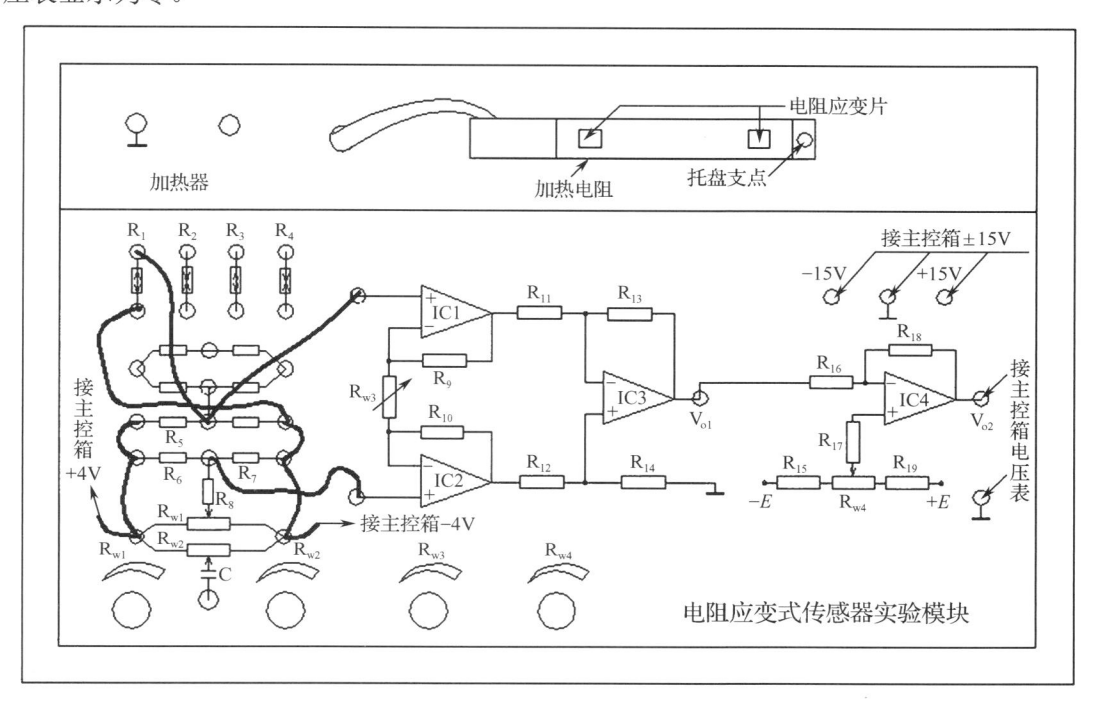

图 4-11 电阻应变式传感器单臂电桥实验接线图

4. 测量并记录

在电子秤托盘上逐个增加标准砝码,读取并记录电压表数值,直到 10 只砝码加完,将实验结果填入表 4-1。

表 4-1 单臂电桥输出电压与加负载质量值

质量/g										
电压/mV										

5. 计算灵敏度和误差

根据表 4-1 计算系统灵敏度 S,$S=\Delta u/\Delta W$(Δu 为输出电压变化量,ΔW 为质量变化量);计算非线性误差:$\Delta f_1=\Delta m/y_F \cdot S \times 100\%$,式中,$\Delta m$ 为输出值(多次测量时为平均值)与拟合直线的最大偏差,$y_F \cdot S$ 为满量程输出平均值,此处为 500g 或 200g。

6. 实验完毕,关闭主电源

五、注意事项

(1) 若出现零漂现象,则是因为电阻应变片在供电电压下,电阻应变片本身通过电流所形成的电阻应变片温度效应的影响。观察零漂数值的变化,稍等 1~5min,若调零后数值稳定下来,表示电阻应变片已处于工作状态。

（2）若数值还是不稳定的，电压表读数出现随机跳变情况，可再次确认各实验线的连接是否牢靠，且保证实验过程中，尽量不接触实验线，另外，由于应变实验增益比较大，实验线陈旧或老化后产生线间电容效应，也会产生此现象（可使用屏蔽实验线接电桥部分电路来减少干扰）。

（3）因应变实验差动放大器放大倍数很高，电阻应变式传感器实验模块对各种信号干扰很敏感，所以在用实验模块做实验时模块周围尽量不要放置有无线数据交换的设备，如正在无线上网的手机、平板、笔记本等电子设备。

六、思考题

做单臂电桥实验时，桥臂电阻应变片应选用以下哪一种？

①正（受拉）应变片，②负（受压）应变片，③正、负应变片均可。

参考答案：③。

七、实验报告要求

（1）写出实验目的。
（2）写出实验原理。
（3）记录实验结果。
（4）根据实验结果计算灵敏度和误差。

4.3.2 实验二 金属箔式电阻应变片全桥性能实验

一、实验目的

了解全桥测量电路的工作特点及性能。

二、实验原理

在全桥测量电路中，将受力性质相同的两个电阻应变片接入电桥对边，受力方向不同的两个电阻应变片接入邻边，当电阻应变片初始阻值为 $R_1=R_2=R_3=R_4$，其变化值为 $\Delta R_1=\Delta R_2=\Delta R_3=\Delta R_4$ 时，其桥路输出电压 $U_0=(1/2)K\varepsilon E$，其输出灵敏度比半桥提高了一倍，非线性误差和温度误差均得到改善，如图4-12所示。

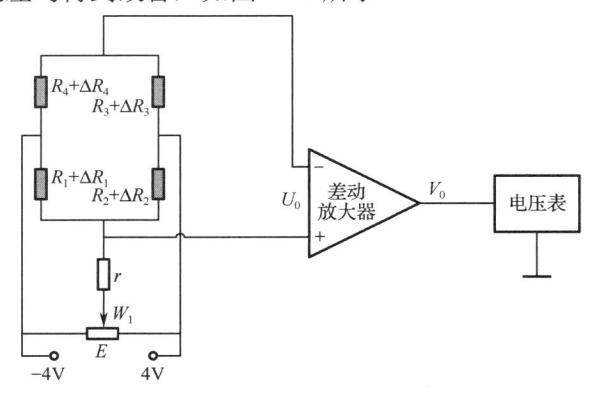

图4-12 金属箔式电阻应变片全桥特性实验原理图

三、实验设备

电阻应变式传感器实验模块、砝码、托盘、电压表、直流稳压电源（±15V）、可调直流稳压电源（±4V）。

四、实验步骤

（1）首先将实验模块调节增益电位器 R_{w3} 顺时针旋转到底（此时放大器增益最大），然后将差动放大器的正、负输入端相连并与地短接，输出端与主控箱上的电压表输入端 Vi 相连。检查无误后在主控箱上接入模块电源（±15V）及地线。合上主控箱电源开关，调节实验模块上的调零电位器 R_{w4}，使电压表显示为零（电压表的量程切换开关打到 2V 挡），关闭主控箱电源（注意：R_{w4} 的位置一旦确定，就不能改变，一直到做完实验为止）。

（2）按图 4-13 接线，将托盘固定到电子秤支柱上。在全桥测量电路中，将受力性质相同的两个电阻应变片接入电桥对边，不同的两个电阻应变片接入邻边。给桥路接入±4V 电源，确认模块右上角拨段开关拨至左边"直流"挡。检查连线无误后，合上主控箱电源，调节电桥调零电位器 R_{w1} 进行桥路调零，然后逐个轻放标准砝码，将实验数据记入表 4-2。

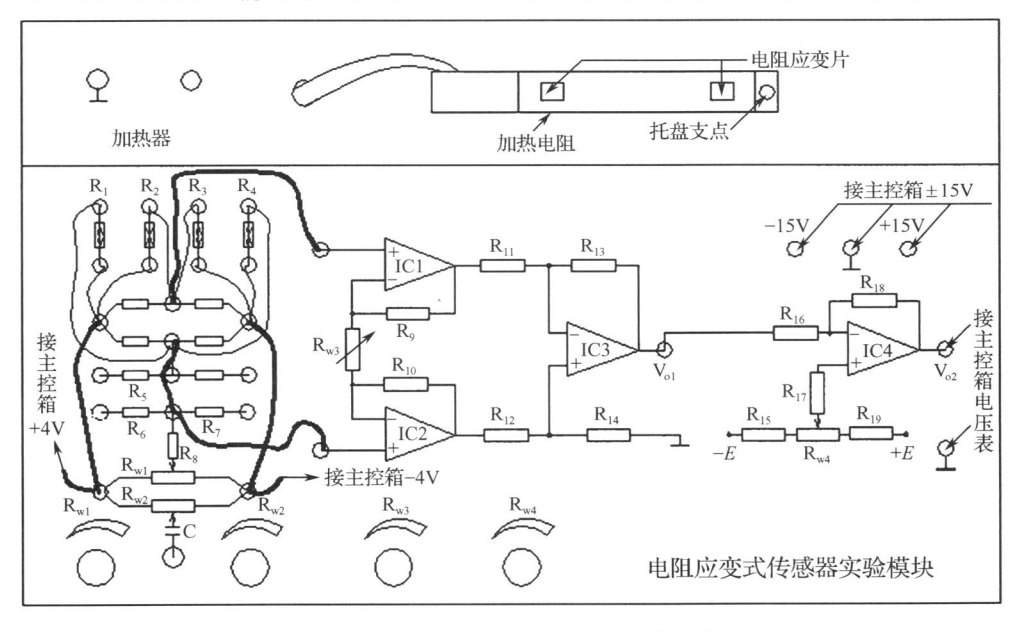

图 4-13 电阻应变式传感器全桥实验接线图

表 4-2 全桥输出电压与加负载质量值

质量/g							
电压/mV							

（3）根据表 4-2 计算系统灵敏度 S，$S=\Delta u/\Delta W$（Δu 为输出电压变化量，ΔW 为质量变化量）；计算非线性误差：$f_1=\Delta m/y_F \cdot S \times 100\%$，其中，$\Delta m$ 为输出值（多次测量时为平均值）与拟合直线的最大偏差，$y_F \cdot S$ 为满量程输出平均值。

（4）实验完毕，关闭主电源。

五、思考题

在测量中，当两组对边电阻值相同，即 $R_1=R_3$，$R_2=R_4$，而 $R_1 \neq R_2$ 时，是否可以组成全桥？

参考答案：可以，满足 $R_1R_4=R_2R_3$，电桥满足平衡条件。

六、实验报告要求

（1）写出实验目的。
（2）写出实验原理。
（3）记录实验结果。
（4）根据实验结果计算灵敏度和非线性误差。
（5）写出实验收获。

4.3.3 实验三 差动变压器式传感器测位移实验

本次差动变压器式传感器测位移实验的目的是让学生了解差动变压器式传感器是在传统传感器上改进的，利用物体在移动时产生的能量推动电压产生的变化而求出所求量的物理实验器材，可将各个物理量变换为电量的变化。它广泛应用于各种物理量的测量，如伸长、压力、应变、振动、物体的厚度等。传统的传感器只能对一些物理量进行简单且比较烦琐的测量，这显然难以满足复杂系统的要求，所以差动变压器式传感器出现了，它的问世预示着新时代发展的潮流，在信息化时代，要想跟上时代发展潮流，就要熟练地掌握基础技术。

差动变压器式传感器在现实生活中有着非常广泛的应用。它的种类有很多，包括压力传感器、位移传感器、加速度传感器等，这些传感器在许多领域都有着非常广泛的应用。压力传感器主要通过弹性敏感器将非电量压力参数转变为位移量送至测量电路，再通过电路各个量的数值计算出压力。位移传感器通过电磁感应原理测量出位移，当初级线圈被供给一定频率的交变电压时，次级线圈就产生了感应电动势，随着铁芯位置的不同，次级线圈产生的感应电动势也不同，由感应电动势推出位移量的大小。对于加速度传感器，主要依据的原理是牛顿第二定律，即质量块的位移与被测物体的加速度成正比，将加速度的测量转变为位移的测量。事实上，差动变压器式传感器的种类还有很多，应用范围也非常广泛，需要相关的研发人员进一步学习与探索，以促进差动变压器式传感器的进一步应用和改进。

差动变压器式传感器是非常重要的高科技产品，可广泛应用于航空航天、机械、建筑、纺织、铁路、煤炭、冶金、塑料、化工等国民经济各行各业，因具有结构简单、使用范围广、计算方法简单的优点让它能在各个方面都有着非常重要的应用，如图4-14所示。在民生领域，它运用在建筑中的高度精确测量、地基的精炼挖掘上。在钢铁工业领域，它运用在高炉的炉顶水平检测，连续铸造间隙、砂型振动、凸度等的误差检测，铁水包、中间包的滑动水口的位置检测上。在重型电机工业领域，它运用在蒸汽透平的主阀检查、旁通阀的阀升程检测、升降机的姿势监控上。在航空航天领域，它运用在轴径跳动检测、阀位检测与控制、辊缝间隙控制上等。另外，复杂的金属加工、机床及工具定位、液压缸定位、自卸载重车等都不同程度地用到差动变压器式传感器。总之，差动变压器式传感器的应用范围广泛，需要使用者不断地发现与学习，以不断地扩大其适用范围。

图 4-14 差动变压器式传感器的应用

一、实验目的

了解差动变压器式传感器测位移的方法。

二、实验原理

差动变压器式传感器测位移的原理主要基于法拉第电磁感应定律和变压器的工作原理。

当一个磁通量随时间变化时，会在导体内产生感应电动势，差动变压器式传感器利用这一原理来测量电流、电压、力或位移等物理量，其核心组成部分包括主线圈、副线圈及磁芯。当主线圈中通过电流或电压时，会在磁芯中产生磁场，这个磁场穿过副线圈，在副线圈中产生感应电动势。两个线圈的磁芯通常相连，因此副线圈中的信号与主线圈中的信号对称，产生差异电压，这种差异电压与被测物理量的大小成正比。

通过测量这个差异电压，可以反映被测物理量的变化。差动变压器式传感器的一个常见应用是测量压力，当被测压力作用于弹簧管时，会产生与压力成正比的位移，这个位移会带动连接在弹簧管末端的铁芯移动，使差动变压器的两个次级绕组失去平衡，输出一个与被测压力成正比的电压信号。

差动变压器的工作原理是将非电量的位移变化变换成线圈的互感变化，它本身是一种互感式变压器。当变压器的互感量随位移的变化而变化时，输出电压将发生相应变化。常用的螺旋式差动变压器由衔铁、一次线圈、二次线圈和线圈骨架组成，图 4-15 所示为差动变压器的结构原理图。

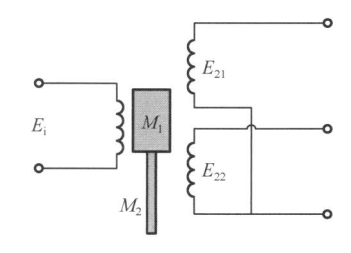

图 4-15 差动变压器的结构原理图

一次线圈作为变压器激励用，二次线圈由两个结构参数与电气参数相同的线圈反相串接而成，二次线圈因互感产生感应电动势。其感应电动势的理论计算公式为 $E_{21}=-j\omega M_1 I_1$；$E_{22}=-j\omega M_2 I_2$。输出电动势总和为 $E_0=E_{21}-E_{22}=-j\omega(M_1-M_2)I_1$。

当衔铁处在中间位置时，若两个二次线圈参数及磁路尺寸相等，则 $M_1=M_2=M$，可得 $E_0=-j(M_1-M_2)I_1=0$。

当衔铁偏离中间位置时，$M_1 \ne M_2$，变压器处在差动工作状态，$M_1=M+\Delta M$，$M_2=M-\Delta M$，一定范围内差值 ΔM 与衔铁轴向位移 X 成正比，在负载开路的情况下，其输出电动势为 $E_0=-j\omega(M_1-M_2)I_1=-j\omega[(M+\Delta M)-(M-\Delta M)]I_1=-j\omega 2\Delta M I_1=-j\omega 2\Delta M E_i/(R_1+j\omega L_1)$。其中，$M_1$、$M_2$ 分别为一次线圈与二次线圈之间的互感，L_1、R_1 为一次线圈的电感和电阻，E_i 为一次线圈

的激励电压，E_{21}、E_{22} 分别为两个二次线圈的感应输出电动势，E_0 为差动输出电动势。

差动变压器在应用时要设法消除零点残余电动势和死区，选用合适的测量电路，如采用相敏检波电路，既可判别衔铁移动方向又可改善输出特性，消除测量范围内的死区。

三、实验设备

音频振荡器、差动变压器实验模块、移相器/相敏检波器/低通滤波器模块、低频振荡器、双踪示波器、直流稳压电源（±15V）、振动源模块、差动变压器及连接线、电压表、测微头、紧固螺钉。图 4-16 所示为差动变压器实验模块实物图，图 4-17 所示为移相器/相敏检波器/低通滤波器模块实物图。

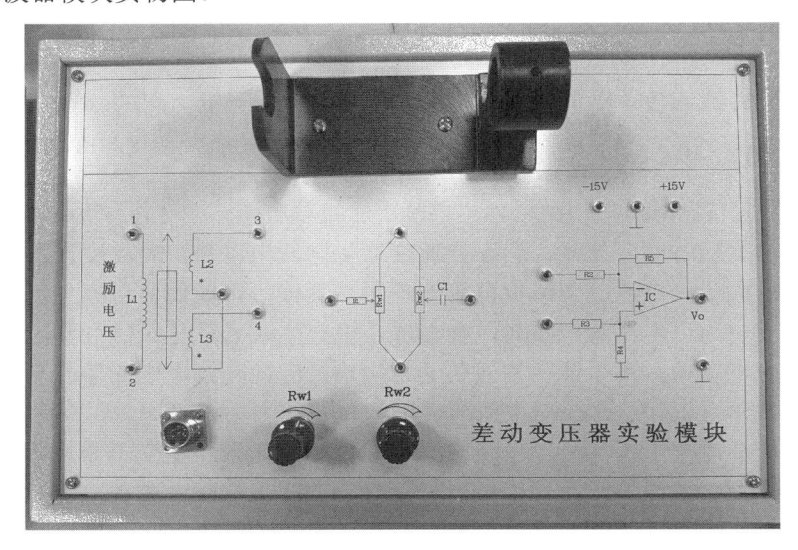

图 4-16 差动变压器实验模块实物图

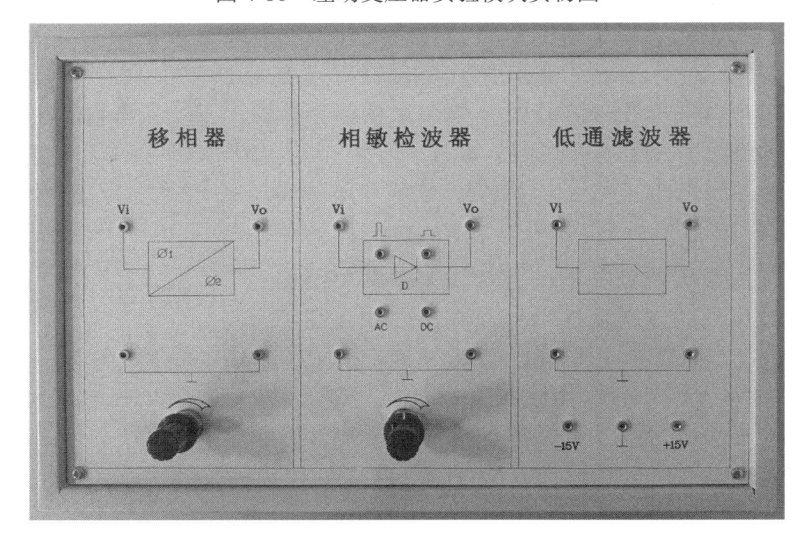

图 4-17 移相器/相敏检波器/低通滤波器模块实物图

四、实验步骤

（1）根据图 4-18 接线，检查无误后合上主控箱电源开关，调节音频输出 $f=5\text{kHz}$，$V_{\text{p-p}}=5\text{V}$（注意：连接主控箱右侧的 USB 连线，并将音频振荡器上方的滑动开关滑至手动，不使用时请拔出 USB 线），调节相敏检波器的电位器使相敏检波器输出幅值相等、相位相反的两个波形，保持相敏调节电位器位置不动。

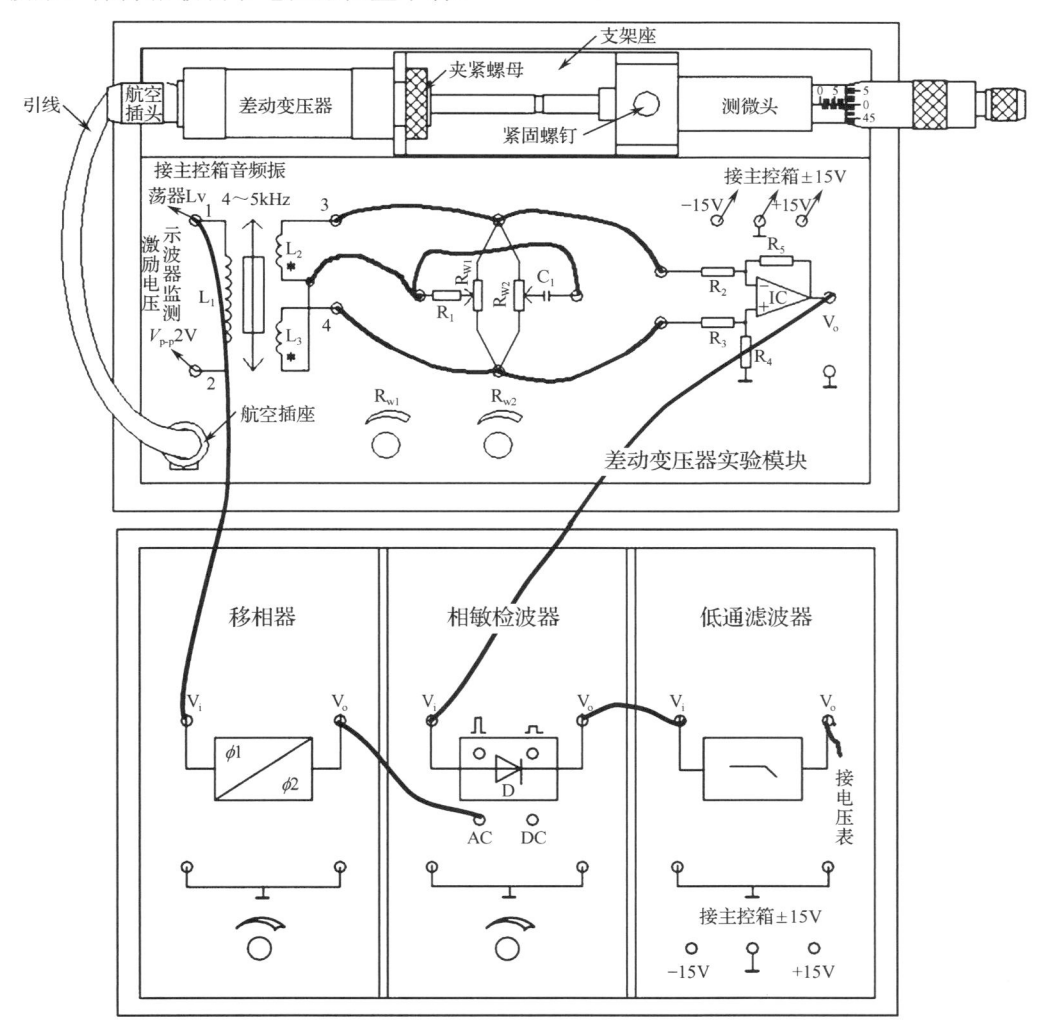

图 4-18　差动变压器测位移接线图

（2）调节音频输出 $V_{\text{p-p}}=2\text{V}$，顺着差动变压器衔铁的位移方向移动测微头，使差动变压器衔铁明显偏离 L_1 初级线圈（中间线圈）的中点位置，再调节移相器使相敏检波器输出为全波整流波形，接着缓慢移动测微头使相敏检波器输出波形幅值尽量小（尽量使衔铁处在 L_1 初级线圈的中点位置），然后拧紧紧固螺钉固定测微头位置。

（3）交替调节差动变压器模块上的 R_{w1}、R_{w2} 使相敏检波器输出趋于水平线且电压表显示趋于 0V，记录此时测微头位置作为初始位置。

（4）调节测微头，这时可以左右进行位移，假设其中一个方向为正位移，则另一方向为负位移。从电压最小处向左或右开始旋动测微头,每隔 0.2mm 从电压表上读出若干低通滤波器输出电压值填入表 4-3。再旋动测微头回到 V_{p-p} 最小后反向位移做实验。

表 4-3 差动变压器测位移实验数据

X/mm			-←	0	→+					
V/mV										

（5）根据表 4-3 数据做出实验曲线并截取线性较好的线段计算灵敏度 $S=\Delta V/\Delta X$、线性度及测量范围。

（6）实验完毕，关闭主电源。

五、思考题

差动变压器输出经相敏检波器检波后是否消除了零点残余电压？从实验曲线上能理解相敏检波器的鉴相特性吗？

六、实验报告要求

（1）写出实验目的。
（2）写出实验原理。
（3）记录实验结果。
（4）根据实验结果做出实验曲线并计算线性度。
（5）写出实验收获。

4.3.4 实验四 电容式传感器的位移特性实验

电容式传感器可用来测量直线位移、角位移，振动振幅（可测至 0.05μm 的微小振幅），尤其适合测量高频振动振幅、精密轴系回转精度、加速度等机械量，还可用来测量压力，液位，粮食中的水分含量，非金属材料的涂层、油膜厚度，点介质的湿度、密度、厚度等。在自动检测和控制系统中也常用来作为位置信号发生器。

当测量金属表面状况、距离尺寸、振动振幅时，往往采用单电极式变极距型电容式传感器，这时被测物是电容器的一个电极，另一个电极则在传感器内。航空航天、汽车制造、石油化学、烧砖、陶瓷、表面处理、大气环境、环境实验箱、食品、饮料、高科技、暖通、工业、冶金、气象、计量、军事、制药、造纸等行业都用到了电容式传感器，如图 4-19 所示。

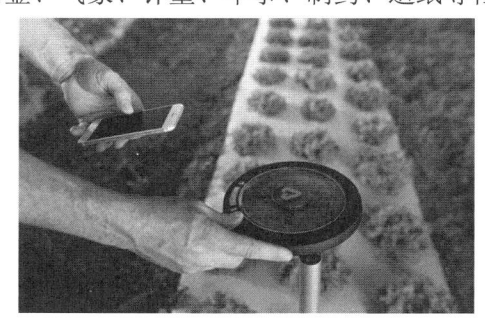

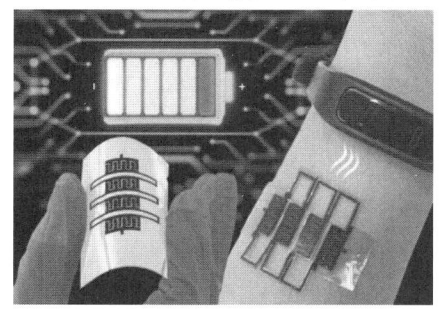

图 4-19 电容式传感器应用

一、实验目的

了解电容式传感器的结构及其特点。

二、实验原理

电容式传感器是指能将被测物理量的变化转换为电容量变化的一种传感器，它实质上是具有一个可变参数的电容器。利用平板电容器原理：

$$C = \frac{\varepsilon s}{d} = \frac{\varepsilon_0 + \varepsilon_r \cdot s}{d} \tag{4-1}$$

式中：s 为极板面积；d 为极板间距离；ε_0 为真空介电常数；ε_r 为介质相对介电常数，由此可以看出当被测物理量使 s、d 或 ε 发生变化时，电容量 C 随之发生改变，如果保持其中两个参数不变而仅改变另一个参数，就可以将该参数的变化单值地转换为电容量的变化。所以电容式传感器可以分为三种类型：改变极间距离的变间隙式、改变极板面积的变面积式和改变介质电常数的变介电常数式。这里采用变面积式，如图 4-20 所示，两只平板电容器共享一个下极板，当下极板随被测物体移动时，两只电容器上、下极板的有效面积一只增大，一只减小，将三个极板用导线引出，形成差动电容输出。

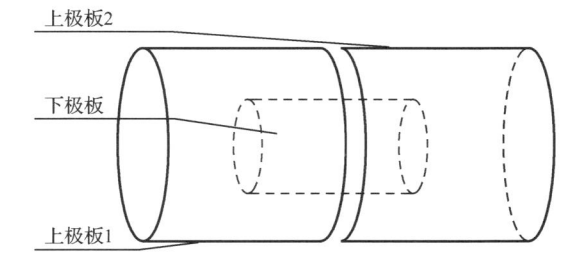

图 4-20 平板电容器

（1）利用电容 $C=\varepsilon A/d$ 和其他结构的关系式，根据相应的结构和测量电路可以选择 ε、A、d 中三个参数，保持其中两个参数不变，只改变第 3 个参数，则可以有测谷物干燥度（ε 变）、测位移（d 变）和测量液位（A 变）等多种电容式传感器。本实验采用的传感器为圆筒式变面积式差动结构的电容式位移传感器，如图 4-21 所示，它是由两个圆筒和一个圆柱组成的。设圆筒的半径为 R，圆柱的半径为 r，圆柱的长为 x，则电容量为 $C=\varepsilon 2\pi x/\ln(R/r)$。图中，$C_1$、$C_2$ 是差动连接的，当图中的圆柱产生 ΔX 位移时，电容量的变化量为 $\Delta C = C_1 - C_2 = \varepsilon 2\pi 2\Delta X/\ln(R/r)$，式中，$\varepsilon 2\pi$、$\ln(R/r)$ 为常数，说明 ΔC 与位移 ΔX 成正比，配上配套测量电路就能测量位移。

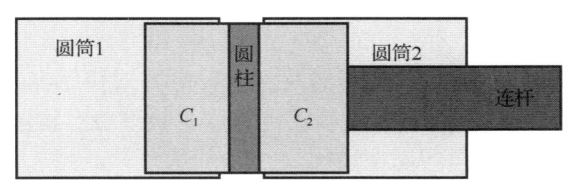

图 4-21 电容式位移传感器结构示意图

（2）测量电路核心部分是图 4-22 所示的二极管环路充放电电路。

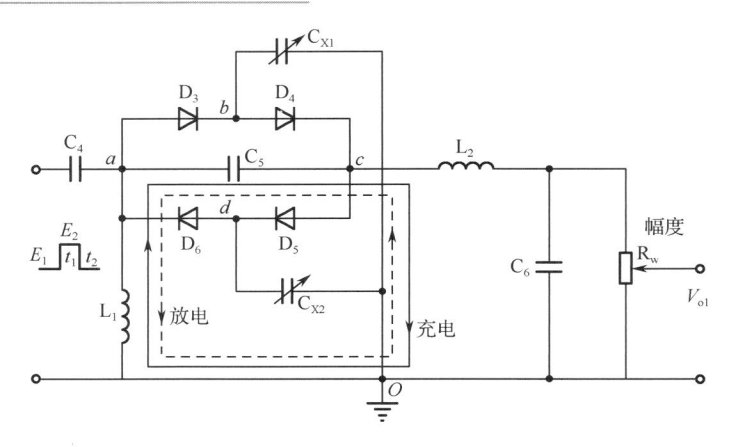

图 4-22 二极管环路充放电电路

图 4-22 中，环路充放电电路由二极管 D_3、D_4、D_5、D_6，电容 C_4，电感 L_1 和差动式电容式传感器 C_{X1}、C_{X2} 组成。

当高频（$f>100\text{kHz}$）激励电压输入到 a 点，由低电平 E_1 阶跃到高电平 E_2 时，电容 C_{X1}、C_{X2} 两端电压均由 E_1 充到 E_2。充电电荷一路由 a 点经 D_3 到 b 点，再对 C_{X1} 充电到 O 点（地）；另一路由 a 点经 C_5 到 c 点，再经 D_5 到 d 点对 C_{X2} 充电到 O 点，此时，D_4 和 D_6 由于反偏置而截止。在 t_1 充电时间内，由 a 点到 c 点的电荷量为 $Q_1=C_{X2}(E_2-E_1)$。

当高频激励电压由高电平 E_2 返回低电平 E_1 时，电容 C_{X1}、C_{X2} 均放电。C_{X1} 经 b 点、D_4、c 点、C_5、a 点、L_1 放电到 O 点；C_{X2} 经 d 点、D_6、L_1 放电到 O 点。在 t_2 时间内由 c 点到 a 点的电荷量为 $Q_2=C_{X1}(E_2-E_1)$。

当然，Q_1、Q_2 是在电容值 C_4 远远大于传感器电容值 C_{X1}、C_{X2} 的前提下得到的结果。电容 C_4 的充放电回路由图 4-22 中实线、虚线箭头所示。在一个充放电周期内（$T=t_1+t_2$），由 c 点到 a 点的电荷量：$Q=Q_2-Q_1=(C_{X1}-C_{X2})(E_2-E_1)=\Delta C_X \Delta E$。式中，$\Delta E$ 为激励电压幅值，ΔC_X 为传感器的电容变化量。由此可以看出，f、ΔE 一定时，输出平均电流 i 经电路中的电感 L_2、电容 C_6 滤波变为直流 I 输出，再经过 R_w 转换成电压输出 $V_{o1}=IR_w$。由传感器原理已知 ΔC 与位移 ΔX 成正比，所以通过测量电路的输出电压 V_{o1} 就可知位移 ΔX。

（3）电容式位移传感器实验方块图如图 4-23 所示。

图 4-23 电容式位移传感器实验方块图

三、实验设备

直流稳压电源（±15V）、电容式传感器及连线、电容式传感器实验模块、测微头、紧固螺钉、电压/频率表。图 4-24 所示为电容式传感器实验模块实物图，图 4-25 所示为电容式传感器实物图，图 4-26 为测微头实物图。

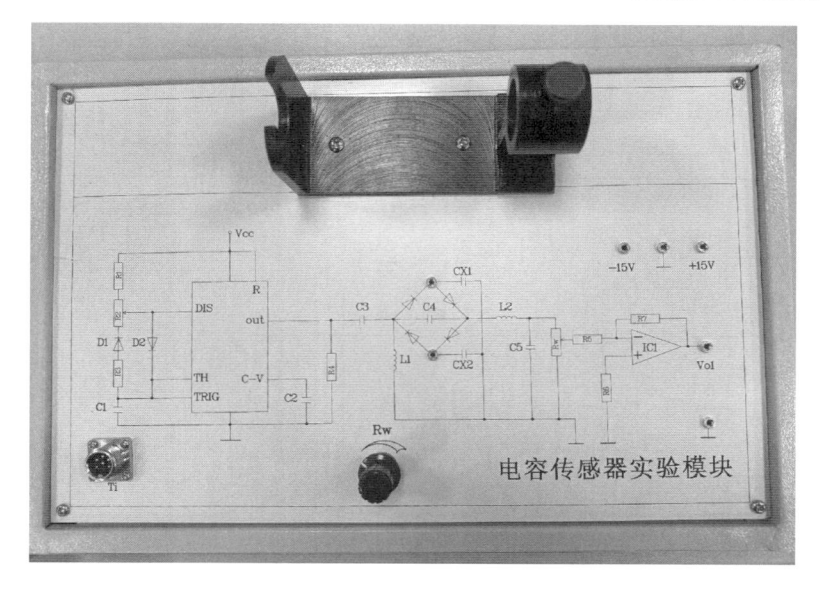

图 4-24　电容式传感器实验模块实物图

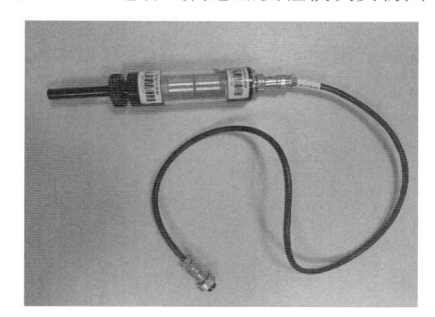

图 4-25　电容式传感器实物图

图 4-26　测微头实物图

四、实验内容

（1）按图 4-27 连线并将电容式传感器、测微头装于电容式传感器实验模块上。

（2）检查无误后开启主控箱电源，调节测微头位置使电容式传感器动杆大致处于可移动范围的中间位置后拧紧紧固螺钉固定，电压/频率表量程选择 20V 挡，然后旋动测微头改变电容式传感器动极板位置使电压表显示 0V，记录此时的测微头读数和电压表示数为实验起点，这时可以左右位移，假设其中一个方向为正位移，则另一个方向为负位移。从实验起点向左或右开始旋动测微头，每隔 0.5mm 记录位移 X 和输出电压值，并填入表 4-4。再旋动测微头回到实验起点后进行反向位移重复实验。

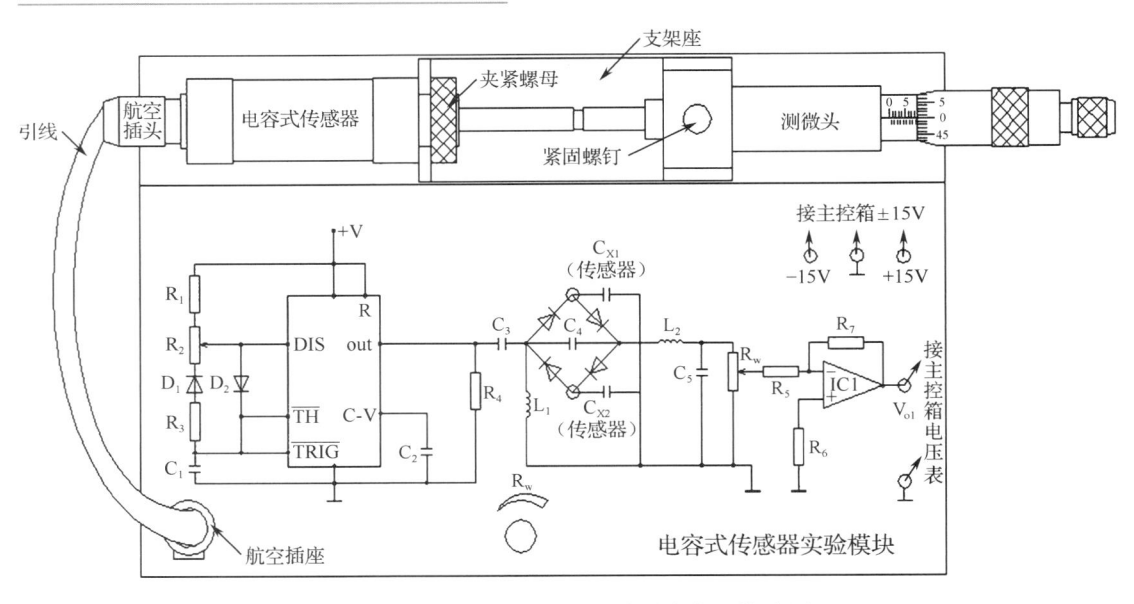

图 4-27　电容式传感器位移实验安装、接线图

表 4-4　电容式传感器位移与输出电压值

X/mm			-←	0	→+			
V/mV								

（3）根据表 4-4 数据计算电容式传感器的系统灵敏度 S 和非线性误差。

（4）实验完毕，关闭主电源。

五、实验报告要求

（1）写出实验目的。

（2）写出实验原理。

（3）记录实验结果。

（4）根据实验结果计算灵敏度和非线性误差。

（5）写出实验收获。

4.3.5　实验五　霍尔测速实验

霍尔传感器利用霍尔效应，当金属齿经过霍尔传感器前端时，引起磁场变化，霍尔元件检测到磁场变化，并转换成一个交变电信号，传感器内置电路对该信号进行放大，输出良好的矩形脉冲信号。其测量频率范围宽，输出信号更精确稳定，安装简单，防油防水，已在电力、汽车、航空、纺织、石化等测速领域得到广泛应用。

霍尔传感器具有许多优点：结构牢固、体积小、质量轻、寿命长、安装方便、功耗小、频率高、耐震动、不怕灰尘/油污/水汽/盐雾等的污染或腐蚀。霍尔传感器可以将磁场转换为电压信号，因此可以在很多场合下应用。

一、实验目的

了解开关式霍尔传感器的应用。

二、实验原理

霍尔效应是指当导体中有电流通过时，在垂直于电流方向施加磁场，则导体两侧产生电压差。这个现象可以通过以下公式来描述：

$$V\_H = B \cdot I \cdot R\_H \tag{4-2}$$

式中：V_H 为霍尔电压；B 为磁场强度；I 为电流强度；R_H 为霍尔系数。

霍尔传感器是一种常用于测量外部旋转物体的转速和脉冲数量的传感器。它一般由可以探测转子中磁场变化的电磁感应器组成，该感应器通过变化的磁场，可以感应到外来磁场的变化，检测到转子的转速和脉冲数量。因此，当我们需要测量某种物体的转速和脉冲数量时，霍尔传感器就成为最佳的选择。

开关式霍尔传感器是线性霍尔元件的输出信号经放大器放大，再经施密特电路整形成矩形波（开关信号）输出的传感器。利用霍尔效应表达式 $U_H = K_H I B$，当被测圆盘上装上 N 只磁性体时，圆盘每转一周，磁场就变化 N 次，霍尔电势相应变化 N 次，输出电动势通过放大、整形和计数电路就可以测量被测旋转物体的转速（转速 $n = 60 f/z$，z 为齿轮数）。

三、实验设备

开关式霍尔传感器、可调电源+2～+24V、转动源模块、转速/频率表、直流稳压电源（+15V）、电压表。图 4-28 所示为开关式霍尔传感器实验模块实物图，图 4-29 所示为开关式霍尔传感器实物图。

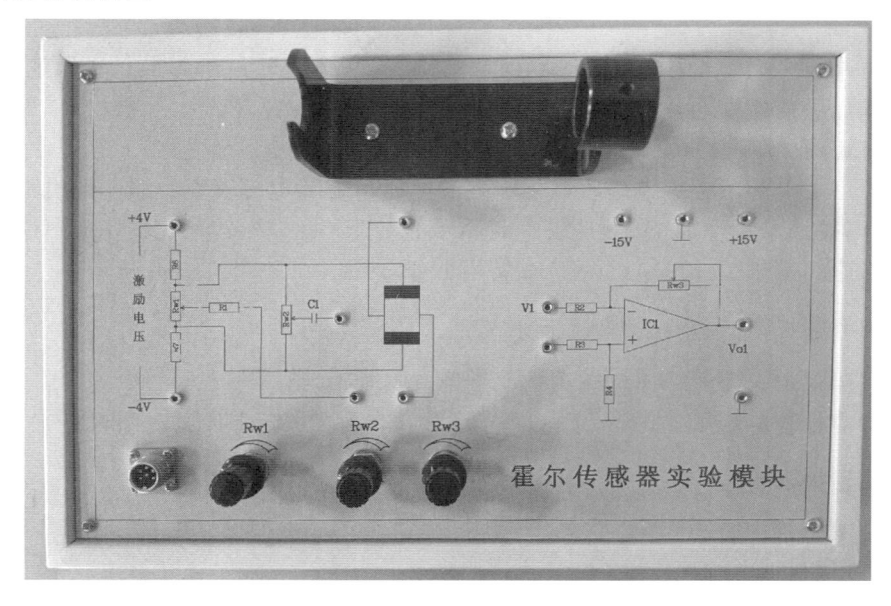

图 4-28　开关式霍尔传感器实验模块实物图

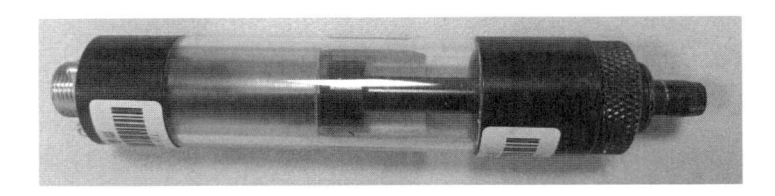

图 4-29　开关式霍尔传感器实物图

四、实验内容

（1）根据图 4-30 所示开关式霍尔传感器安装示意图，将开关式霍尔传感器装于传感器支架上，探头对准反射面的磁钢，距离以 2～3mm 为宜。

（2）开关式霍尔传感器红线为电源输入端，接+15V，蓝线为输出端，接转速表 f_1，黑线接地。

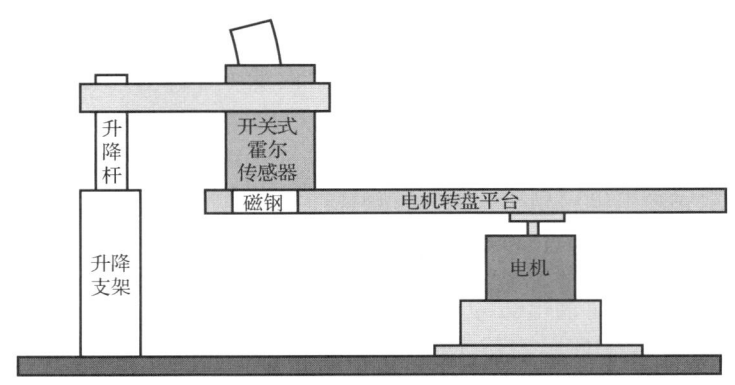

图 4-30　开关式霍尔传感器安装示意图

（3）将+2～+24V 可调电源输出接到电压表，监测电压变化并接到转动源的+2～+24V 红色插孔，黑色插孔接地。

（4）将转速/频率表波段开关拨到转速挡，此时数显表指示转速。

（5）开启主电源，根据电压表显示输入的电压，调节电压调整旋钮使电机带动转盘旋转，从 6V 开始记录每增加 1V 对应转速表显示的转速（待电机转速比较稳定后读取数据），观察电机转速的变化，画出电机的 V-N 特性曲线。

五、思考题

（1）利用霍尔元件测转速，在测量上是否有限制？

（2）本实验装置用了 12 只磁钢，能否用一只磁钢，二者有什么区别呢？

六、实验报告要求

（1）写出实验目的。

（2）写出实验原理。

（3）记录实验结果。

（4）根据实验结果画出电机的 V-N 特性曲线。

（5）写出实验收获。

4.3.6 实验六 电涡流传感器的应用——振动测量实验

电涡流传感器系统以其独特的优点，广泛应用于电力、石油、化工、冶金等行业，对汽轮机、水轮机、发电机、鼓风机、压缩机、齿轮箱等大型旋转机械轴的径向振动、轴向位移、鉴相器、轴转速、胀差、偏心、油膜厚度等进行在线测量和安全保护，以及转子动力学研究和零件尺寸检验等。前置器根据探头线圈阻抗的变化输出一个与距离成正比的直流电压。

一、实验目的

了解电涡流传感器振动测量的原理和方法。

二、实验原理

电涡流传感器的工作原理是基于法拉第电磁感应定律的。当导体在交变磁场中运动或被磁场穿过时，会产生涡流。这些涡流会产生一个反向的磁场，从而影响到原磁场，并导致磁感应强度的变化。电涡流传感器利用这种涡流产生的反向磁场来测量导体的表面特性。

电涡流传感器根据其工作原理可以分为两种类型：基于磁场感应的电涡流传感器和基于电阻变化的电涡流传感器。

1. 基于磁场感应的电涡流传感器

基于磁场感应的电涡流传感器是将电涡流传感器放置在被测物体表面，通过非接触式的方式检测物体表面的涡流情况。当电涡流传感器靠近被测物体时，磁场会感应出涡流，并通过传感器内部的感应线圈产生信号输出，从而实现对被测物体表面特性的检测。

2. 基于电阻变化的电涡流传感器

基于电阻变化的电涡流传感器是将电涡流传感器放置在被测物体表面，通过电流和电压的变化来检测物体表面的涡流情况。当电涡流传感器靠近被测物体时，涡流会影响到电涡流传感器内部的电阻，从而导致电流和电压的变化。检测电流和电压的变化可实现对被测物体表面特性的检测。

根据电涡流传感器的动态特性和位移特性，选择合适的工作点即可测量振幅。电涡流传感器能静态和动态地、非接触式地、高线性度地、高分辨力地测量被测金属导体距探头表面的距离。它是一种非接触的线性化计量工具。电涡流传感器能准确测量被测物体（必须是金属导体）与探头端面之间静态和动态的相对位移变化。电涡流传感器的原理是，通过电涡流效应的原理，准确测量被测物体（必须是金属导体）与探头端面的相对位置，其特点是长期工作可靠性好、灵敏度高、抗干扰能力强、非接触测量、响应速度快、不受油水等介质的影响，常被用于对大型旋转机械的轴位移、轴振动、轴转速等参数进行长期实时监测，可以分析出设备的工作状况和故障发生原因，有效地对设备进行保护及预维修。

三、实验设备

电涡流传感器实验模块、电涡流传感器、低频振荡器、振动源模块、直流稳压电源

（+15V）、电压表、频率表、测微头、铁圆片、双踪示波器、工形支架。图 4-31 所示为电涡流传感器实验模块实物图，图 4-32 所示为电涡流传感器实物图。

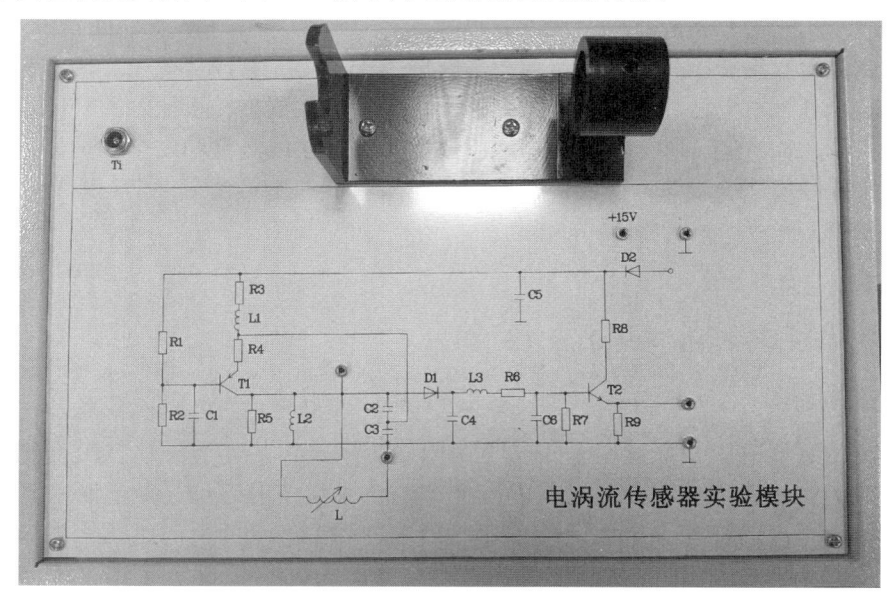

图 4-31　电涡流传感器实验模块实物图

图 4-32　电涡流传感器实物图

四、实验内容

（1）按图 4-33 安装电涡流传感器并连线。将被测物体放在振动源的振动台中心点上，注意传感器端面与吸附在振动圆盘中心磁钢上的铁圆片之间的安装距离在线性区域内。将电涡流传感器插入实验模块上标有 Ti 的插孔中，实验模块输出端接示波器的一个通道。

（2）将低频振荡信号接入振动源中的低频输入插孔，一般应避开振动梁的自振频率，将振荡频率设置在 6～12Hz（注意：连接主控台右侧的 USB 连线，并将音频振荡器上方的滑动开关滑至手动，不使用时请拔出 USB 线）。

（3）低频振荡器幅度旋钮初始为零，慢慢增大幅度，使振动台明显起振，但要注意适当调节升降架高度，使振动台面振动时不与传感器端面发生碰撞。

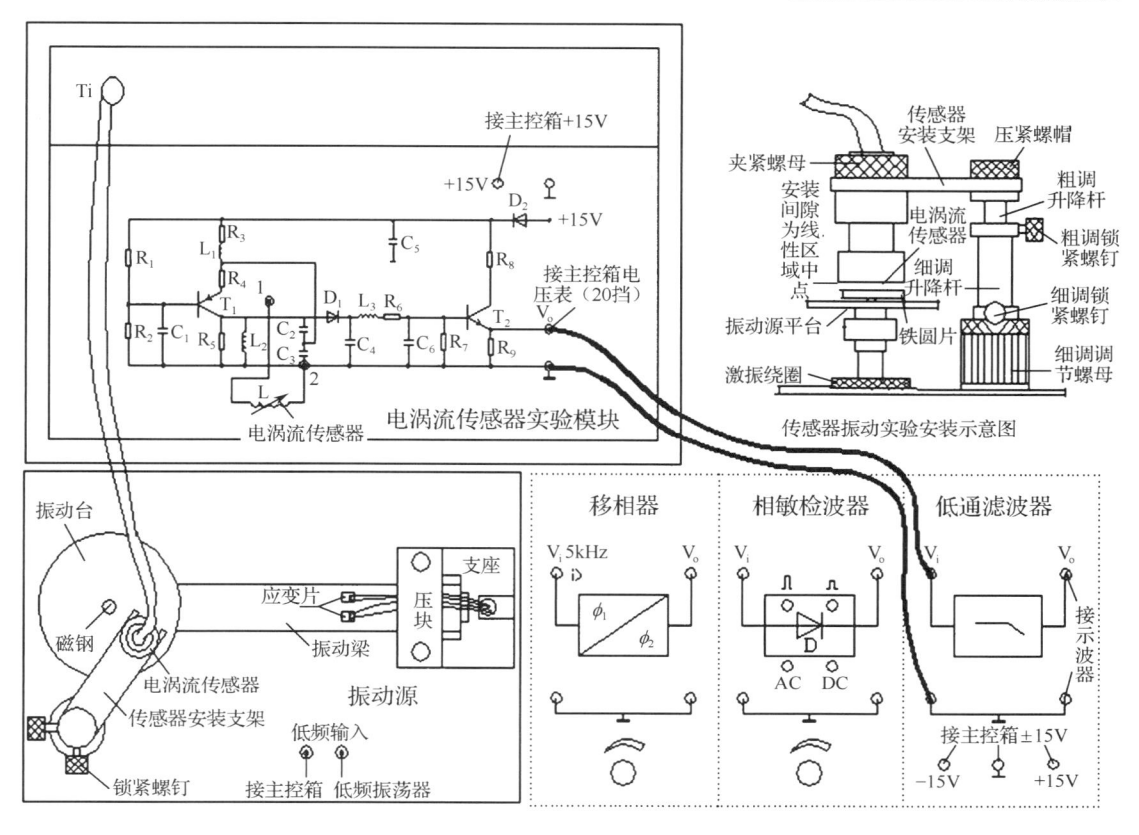

图 4-33 电涡流传感器振动测量实验安装示意图

（4）用示波器观察电涡流实验模块输出端 V_o 的波形，调节传感器安装支架高度，读取正弦波形失真最小时的电压峰-峰值。

（5）保持低频振荡器幅度旋钮不变，改变振动频率，可以用频率表检测。根据示波器测出低通滤波输出 V_o 的峰-峰值 V_{p-p}，记录数据填入表 4-5。

表 4-5　振动频率与输出波形峰-峰值的关系

f/Hz								
V_{p-p}/V								

（6）根据实验结果作出 f-V_{p-p} 特性曲线。保持低频振荡器频率不变，调节幅度旋钮，同样可得到振幅 f-V_{p-p} 曲线。

（7）指出自振频率的大致值，并与其他振动实验测出的结果相比较。

（8）实验完毕，关闭主电源。

五、实验报告要求

（1）写出实验目的。
（2）写出实验原理。
（3）记录实验结果。
（4）根据实验结果计算灵敏度和非线性误差。

(5) 写出实验收获。

4.3.7　实验七　光电转速传感器的转速测量实验

一、实验目的

了解光电转速传感器测量转速的原理及方法。

二、实验原理

光电转速传感器有反射型和直射型两种,本实验装置采用反射型光电转速传感器,传感器端部有发光管和光电管,发光管发出的光源在转盘上反射后由光电管接收并转换成电信号,由于转盘上有均匀分布的 12 个反射面,转动时将获得与转速及反射面数有关的脉冲,将电脉冲计数处理即可得到转速值。利用电涡流位移传感器及其位移特性,当被测转轴的端面或径向有明显的位移变化(齿轮、凸台)时,就可以得到相应的电压变化量,再配上相应电路测量转轴转速。

三、实验设备

光电转速传感器、直流稳压电源(+5V)、转动源模块、可调电源(+2~+24V)、转速/频率表、电压表。

四、实验步骤

(1) 光电转速传感器安装示意图如图 4-34 所示。

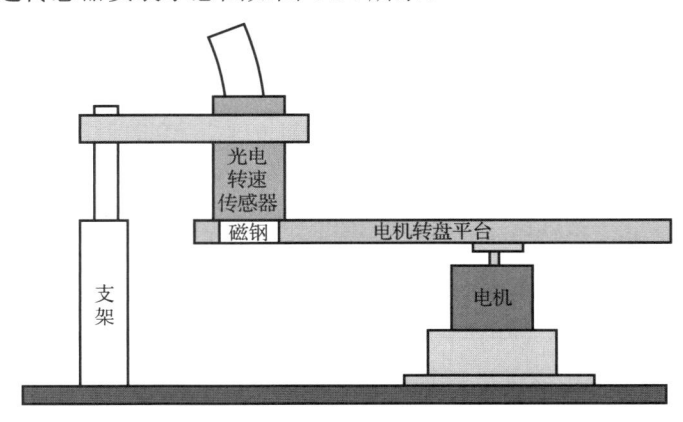

图 4-34　光电转速传感器安装示意图

(2) 在传感器支架上装上光电转速传感器,调节高度,使传感器端面离平台表面 2~3mm,将转速/频率表切换开关置转速挡,电压表量程选择 20V 挡。将可调电源(+2~+24V)接到转动源(+2~+24V)插孔上,黑端接地。将光电转速传感器引线红端接入直流稳压电源(+15V),黑端接地,蓝端为信号输出端,接到电压表输入端 V_i。

(3) 用手转动圆盘,使探头避开反射面(磁钢处为反射面),合上主控箱电源开关,读出此时的电压值。再用手转动圆盘,使光电转速传感器对准磁钢反射面,调节升降支架高度，使电压表读数最大。

（4）重复步骤（3），直至两者的电压差值最大，再将光电转速传感器引线蓝端与转速表输入端 f_i 相接。合上主控箱电源开关，将可调电源（+2～+24V）接入转动电源（+2～+24V）插孔上，慢慢增加输出电压（可用电压表监测）使电机转速盘明显起转，固定转速电压不变，待转速稳定时，记下此时转速表上的读数 n_1。将转速/频率表选择开关拨到频率挡，记下频率表读数，根据转盘上的测速点数折算成转速值 n_2（转速和频率的折算关系为转速=频率×60/12）。实验完毕，关闭主电源。

（5）比较转速表读数 n_1 与根据频率计算的转速 n_2，以转速 n_1 为真值计算两种方法的测速误差（相对误差），相对误差 $r=[(n_1-n_2)/n_1]\times100\%$。

五、思考题

试比较已进行的实验中哪种传感器测量转速的方法最简单、方便。

六、实验报告要求

（1）写出实验目的。
（2）写出实验原理。
（3）记录实验结果。
（4）完成思考题。
（5）写出实验收获。

4.3.8　实验八　Pt100 热电阻测温特性实验

一、实验目的

了解 Pt100 热电阻的特性与应用。

二、实验原理

利用导体电阻随温度变化的特性进行实验。当热电阻用于测量时，要求其材料电阻温度系数大，稳定性好，电阻率高，电阻与温度之间最好呈线性关系。常用铂电阻和铜电阻，铂电阻在 0～630.74℃，电阻 R_t 与温度的关系为 $R_t=R_0(1+A+B)$，R_0 是温度为 0℃时铂热电阻的电阻值。本实验 $R_0=100\Omega$，$A=3.90802\times10^{-3}$℃，$B=-5.080195\times10^{-7}$℃，铂电阻线是三线制连接，其中一端接两根引线是为了消除引线电阻对测量的影响。

Pt100 热电阻一般应用在冶金、化工工业等需要温度测量的控制设备上，适用于测量、控制小于 600℃的温度。本实验由于受到温度源及安全上的限制，所做温度值最好小于或等于 100℃。

三、实验设备

K 型热电偶、Pt100 热电阻、温度测量控制仪（温控仪）、温度源、温度传感器实验模块、电压表、直流稳压电源±15V、可调直流稳压电源+2V、可调电源+2～+24V。图 4-35 所示为温度源实物图，图 4-36 所示为热电阻实物图。

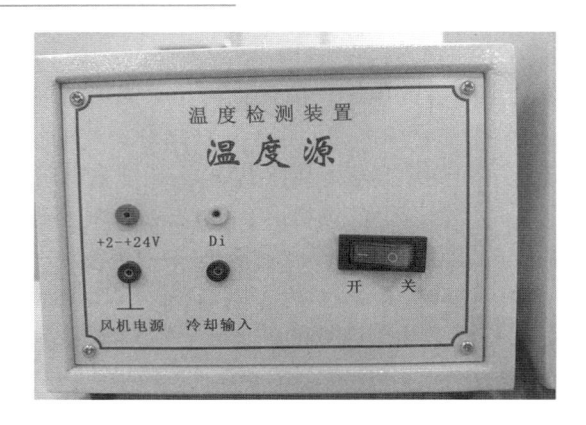

图 4-35 温度源实物图

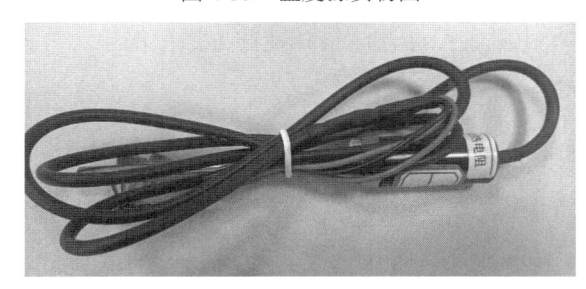

图 4-36 热电阻实物图

四、实验内容

（1）实验操作步骤。

① 差动放大电路调零。

首先对温度传感器实验模块的运算放大器测量电路调零。具体方法是把两个输入点短接并接地，然后调节增益电位器 R_{w2} 至阻值最大，电压表量程选择 2V 档，再调节 R_{w3}，使 V_{o2} 的输出电压为零，此后 R_{w3} 不再调节。

② 温控仪表的使用。

将温度测量控制仪上的 220V 电源线插入主控箱两侧配备的 220V 控制电源插座上。

③ 热电偶及温度源的安装。

温度测量控制仪控制方式选择为内控，将 K 型热电偶温度感应探头插入温度源上方两个传感器放置孔中的任意一个。将 K 型热电偶自由端引线插入"YL 系列温度测量控制仪"面板的"热电偶"插孔中，红线接正端，黑线接负端。然后将温度源的电源插头插入温度测量控制仪面板上的加热输出插孔，将可调电源+2～24V 接入温度源+2～24V 端口，黑端接地，将 D_i 两端接温控仪冷却开关两端。

④ 热电阻的安装及室温调零。

按图 4-37 接线，将 Pt100 热电阻传感器探头插入温度源的另一个插孔中，尾部色线为正端，插入实验模块的 a 端，其他两端相连插入 b 端（左边的 a、b 代表 Pt100 热电阻），a 端接电源+2V，b 端与差动运算放大器的一端相接，R_{w1} 的中心活动点和差动运算放大器的另一端相接。模块的输出 V_{CC} 与主控台电压表 V_i 相连，连接好±15V 电源及地线，合上主控台电源，调节 R_{w1}，使电压表显示为零（此时温度测量控制仪电源关闭，电压表量程选择 2V 档）。

（2）按图 4-37 接线，将 Pt100 热电阻三根引线引入"R_t"输入的 a、b 上：Pt100 三根引线中的蓝线和黑线短接 b 端，红线接 a 端（右边的 a、b 代表 Pt100）。这样 R_t（Pt100）组成直流电桥，是一种单臂电桥工作形式。

（3）测量记录：合上温控仪及温度源开关（"加热方式"和"冷却方式"均打到内控方式），设定温度控制值为 40℃，当温度控制在 40℃时开始记录电压表读数，重新设定温度值为 40℃+$n·\Delta t$，建议 Δt=5℃，n=1~7，待温度稳定后记下电压表上的读数（若在某个温度设定值点的电压值有上下波动现象，是控制温度在设定值的+1℃范围波动的结果，这样可以记录波动时，传感器信号变换模块对应输出的电压最小值和最大值，取其中间数值），记录对应温度并填入表 4-6。

表 4-6 Pt100 热电阻测温实验数据

t/℃								
V/mV								

（4）根据数据结果，计算当 Δt=5℃时，Pt100 热电阻对应变换电路输出的 ΔV 数值是否接近。

（5）实验完毕，关闭各电源。

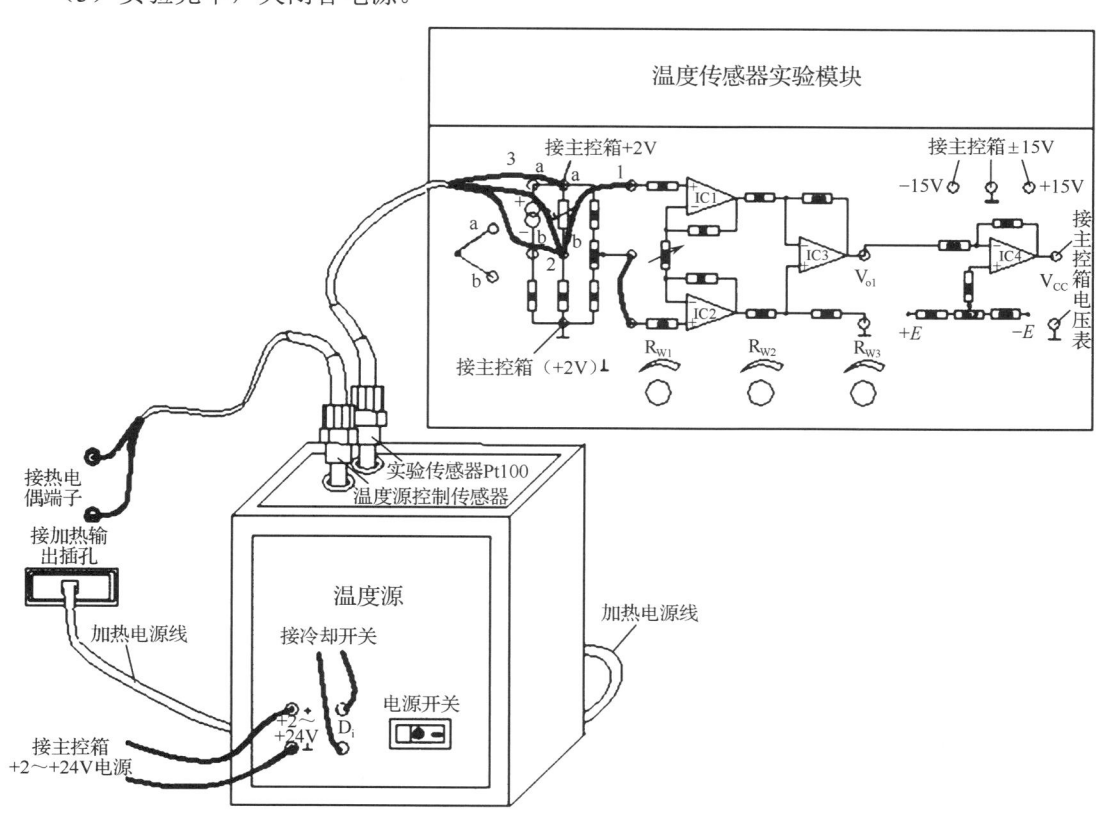

图 4-37 Pt100 热电阻测温特性实验安装示意图

五、思考题

（1）如何根据测温范围和精度要求选用不同的热电阻？
（2）利用本实验装置自行设计 PN 结等其他类型温度传感器的测量实验。

六、实验报告要求

（1）写出实验目的。
（2）写出实验原理。
（3）记录实验结果。
（4）完成思考题。
（5）写出实验收获。

4.4 综合设计实验

4.4.1 实验一 传感器的应用——电子秤设计实验

一、实验目的

了解电涡流传感器用于称重的原理与方法。

二、实验原理

电涡流传感器的工作原理是基于电磁感应法测量物体的位移或形变。它的核心部分是一个线圈，通过线圈内的电流在被测物体表面产生电磁场，当被测物体发生位移或形变时，电磁场中的电流发生变化，从而产生电涡流。电涡流的大小和方向与被测物体的位移或形变呈正相关关系，可以通过对电涡流的检测来获得被测物体的质量或位移。

利用电涡流传感器位移特性和振动台受载时的线性位移特性，可以组合成一个称重系统。

三、实验设备

电涡流传感器、电涡流传感器实验模块、直流稳压电源（+15V）、电压表、振动源模块、砝码、铁圆片、工形支架。

四、实验内容

（1）自行进行传感器安装与连线。
（2）利用铁圆片线性范围，调节传感器安装支架高度，使反射面与探头之间距离为线性起点，将线性段距离最近的一点作为零点记下此时电压表的读数。
（3）在振动台上逐个加砝码，从 20g 到 200g（砝码应尽量远离传感器），分别读取电压表读数，记入表 4-7。

表 4-7 电涡流传感器称重时的电压与质量数据

W/g									
V/V									

（4）根据表 4-7 计算出该称重系统的灵敏度 S。
（5）在振动台面上放置一个未知物记下电压表的读数。
（6）根据实验步骤（4）、步骤（5），计算出未知物质量。

五、实验报告要求

（1）写出实验目的。
（2）写出实验原理。
（3）记录实验结果。
（4）写出实验收获。

4.4.2 实验二 物体湿度计的设计

一、实验目的

了解湿度传感器的工作原理及特性。

二、实验原理

湿敏元件是最简单的湿度传感器。湿敏元件主要有电阻式、电容式两大类。湿敏电阻的特点是在基片上覆盖一层用感湿材料制成的膜，当空气中的水蒸气吸附在感湿膜上时，元件的电阻率和电阻值都发生变化，利用这一特性即可测量湿度。湿敏电容一般是用高分子薄膜电容制成的，常用的高分子材料有聚苯乙烯、聚酰亚胺、酪酸醋酸纤维等。当环境湿度发生改变时，湿敏电容的介电常数发生变化，使其电容量也发生变化，其电容变化量与相对湿度成正比。湿敏元件的准确度可达 2%～3%，这比干湿球测试精度高。湿敏元件的线性度及抗污染性差，在检测环境湿度时，湿敏元件要长期暴露在待测环境中，很容易被污染而影响其测量精度及长期稳定性。这方面没有干湿球测试方法好。

湿度传感器能够感受气体中水蒸气的含量，并将其转换成可用输出信号。感测器件通常采用电容、电阻或半导体等材料，这些材料会根据湿度的变化而发生相应的物理变化。例如，电容式湿度传感器利用材料在不同湿度下的电容变化来测量湿度，电阻式湿度传感器基于湿度对电阻值的影响来测量湿度，而热电湿度传感器利用湿度对热传导的影响来测量湿度。转换器件则将感测到的物理变化转换为信号，以便其他设备进行处理和分析。

本实验采用的是高分子薄膜湿敏电阻。感测机理是在绝缘基板上溅射一层高分子电解质湿敏膜，其阻值的对数与相对湿度呈近似的线性关系，通过电路予以修正后，可得出与相对温度呈线性关系的电信号。传感器部分参数如表 4-8 所示。

表 4-8 传感器部分参数

参　　数	数　　值	参　　数	数　　值
测量范围	10%～95%	工作精度	3%
阻值	几千欧至几兆欧	寿命	一年以上
响应时间	脱湿小于 10s	传感器尺寸	4mm×6mm×0.5mm
工作温度	0～50℃	电源	AC：1kHz，2～3V 或 DC：2V
温度系数	0.5RH%/℃		

三、实验设备

直流稳压电源（+15V）、湿度传感器实验模块、电压表。

四、实验内容

（1）将主控箱（+15V）接入传感器输入端，输出端与电压表相接，传感器在模块右上角，并将传感器选择开关拨向"湿度"。

（2）调节 R_w 使发光二极管只点亮一个，对湿度传感器上方窗口处吹气，若空气中湿度比较大，则湿度传感器会有感应，发光二极管点亮的数目会增加；若湿度较小可能反应不灵敏。

（3）将传感器置于一定湿度的容器（自备）上方，观察电压表示数及模块上的发光二极管发光数目的变化。待数字稍稳定后，记录下读数，观察湿度大小和电压的关系（本实验的湿度传感器已由内部放大器进行放大、校正，输出的电压信号与相对湿度呈近似线性关系）。

五、实验报告要求

（1）写出实验目的。
（2）写出实验原理。
（3）记录实验结果。
（4）画出湿度与电压的关系曲线。
（5）写出实验收获。

4.4.3 实验三 智能温度控制系统的设计

本实验通过 K 型热电偶将温度信号转化为电压信号，由 A/D 模块转化为数字量，再在 PC 上，由 LabVIEW 完成 PID 控制，经过 D/A，对被控量加热，经过 DO（风扇控制），对被控量冷却（以启动风机方式冷却），实现对温度的智能控制，已达到预期的要求。

一、实验内容

（1）将 PC 通过 CE120 控制器与实验台多功能数据采集卡进行连接，打开实验台电源。

（2）将 K 型热电偶插入温度源上面板的加热孔内，热电偶红，黑接线端分别与温度测量控制仪面板的传感器的正、负接口连接。

（3）温度测量控制仪面板的标准信号输出接口的正、负接口分别与 A/D 模块的 0 通道和 GND 接口连接。

（4）将温度源电源线插入温度测量控制仪面板的加热输出插口，风机电源的红、黑接口与实验台上的+2～+24V、GND 接口连接，冷却输入 D_i 与温度测量控制仪面板的 D_i 冷却控制输入连接。

（5）温度测量控制仪面板的加热方式和冷却方式开关均拨到外控，手动调节旋钮并逆时针旋转到底。

（6）温度测量控制仪面板的加热控制输入（外）V_i 与 D/A 模块的 0 通道连接。

（7）温度测量控制仪面板的冷却控制输入 D_i 与实验台上 DO0 通道连接并且与温度源上的 D_i 相连接。

（8）打开温度源电源开关。

（9）运行由 VI 生成的 PID 可执行程序，如图 4-38 所示。

图 4-38　PID 可执行程序界面

（10）在【通讯设置】面板中，在【串口通道】下拉列表中选择【ASRL1::INSTR】选项（根据实际选择），【波特率】选择默认的 9600。

（11）在【板卡设置】面板中，【下位机板卡地址】选择 01，【通道号】选择 00。

（12）PID 参数依次选择 1、1、5（用户也可另外设计修改）。

（13）温度设定值选择 50℃（用户可随意设置）。

（14）在【风扇控制】面板中，【风扇通道】选择 01。

（15）在【输出控制】面板中，【通道号】选择 00。

（16）单击【开始实验】按钮，观察风扇状态、温度变化表和输出电压值。

观察温度控制系统模块中温度值的变化，等待其变化到与预期设定值相等。系统运行图如图 4-39 所示。

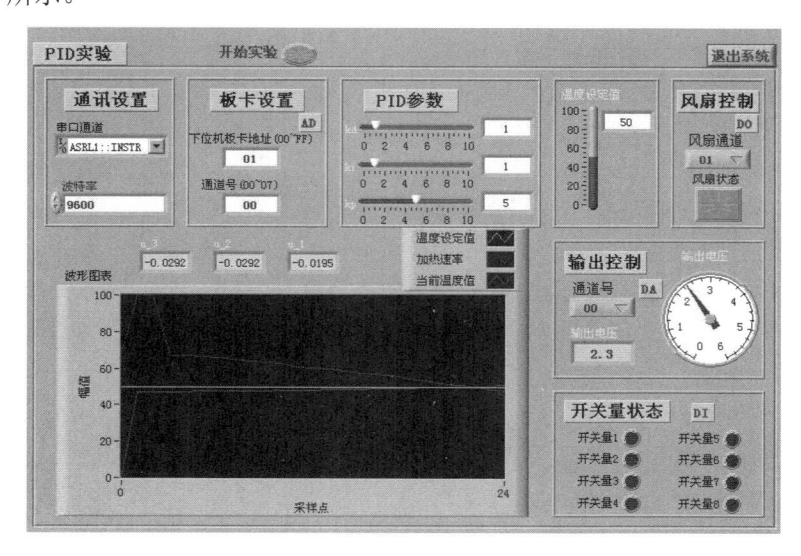

图 4-39　系统运行图

（17）改变 PID 参数，重复上述实验，记录数据，总结 PID 控制的作用。

（18）单击【退出系统】按钮，关闭该可执行程序。

（19）实验完毕关闭各电源，整理实验设备。

二、实验报告要求

（1）写出实验目的。

（2）写出实验原理。

（3）记录实验结果。

（4）写出实验收获。

4.4.4 实验四 智能转速控制系统的设计

本实验通过位置传感器将转速信号转化为电压信号，再由 A/D 模块转化为数字量，再在 PC 上，由 LabVIEW 完成 PID 控制，经过 D/A 输出控制电机的转速，实现对转速的智能控制，以达到预期的要求。

一、实验内容

（1）将 PC 通过 CE120 控制器与实验台多功能数据采集卡进行连接，打开实验台电源。

（2）将转速控制系统模块中的电压输出 F/V 正、负接口分别接 A/D 模块的 0 通道、GND 接口，自动控制 0~5V 输入正、负接口分别接 D/A 模块的 0 通道、GND 接口。给转动源模块提供 220V 电源。

（3）运行由 VI 生成的 PID 可执行程序，如图 4-40 所示。

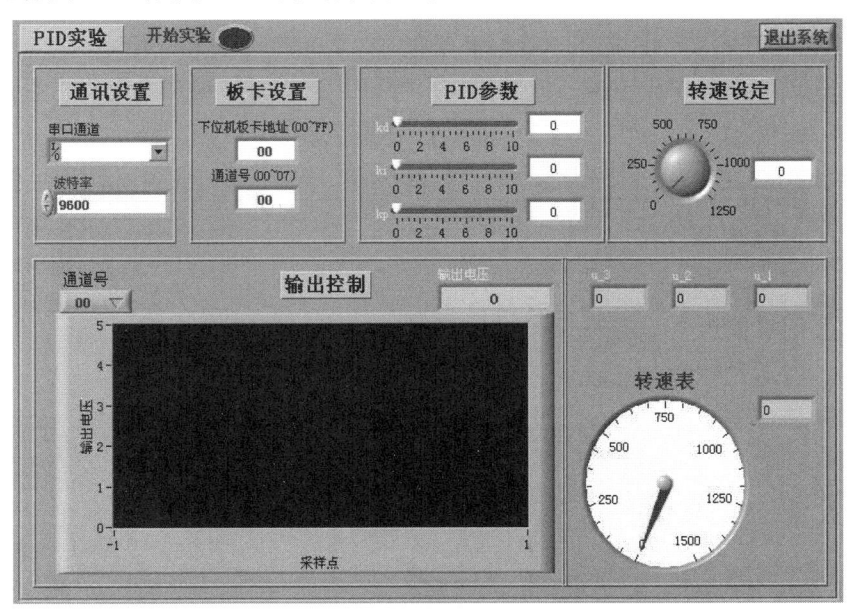

图 4-40 PID 可执行程序界面

（4）在【通讯设置】面板中，在【串口通道】下拉列表中选择【ASRL1:INSTR】选项

（根据实际选择），【波特率】选择默认的 9600。

（5）在【板卡设置】面板中，【下位机板卡地址】选择 01，【通道号】选择 00。

（6）PID 参数依次选择 0、1.2、1（用户也可另外设计修改）。

（7）转速设定值选择 500（用户可随意设置，由于电机的驱动电压约为 1.3V，因此转速设定尽量在 400 以上）。

（8）在【输出控制】面板中，【通道号】选择 00。

（9）单击【开始实验】按钮，观察转速表和输出电压值，系统运行图如图 4-41 所示。

（10）改变 PID 参数，重复上述实验，记录数据，总结 PID 控制的作用。

（11）单击【退出系统】按钮，关闭该可执行程序。

（12）实验完毕关闭各电源，整理实验设备。

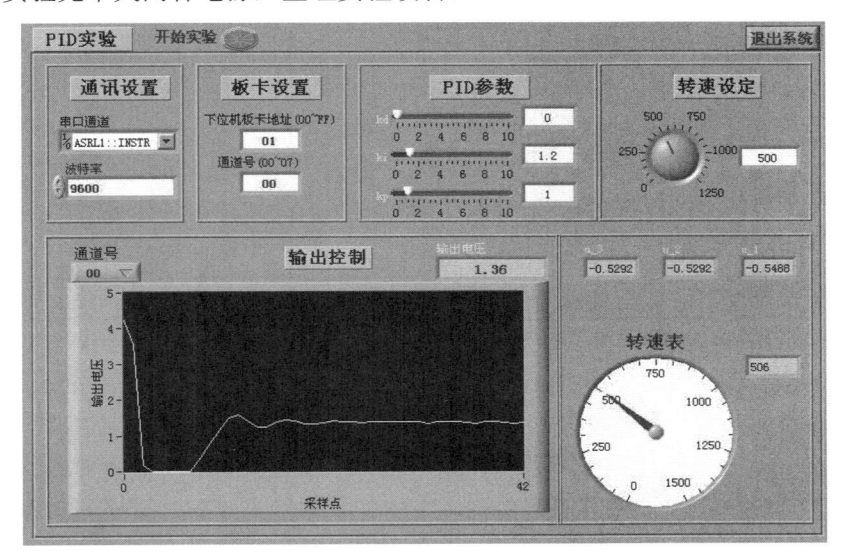

图 4-41 系统运行图

二、实验报告要求

（1）写出实验目的。

（2）写出实验原理。

（3）记录实验数据。

（4）根据实验结果总结 PID 作用。

（5）写出实验收获。

4.4.5 实验五 虚拟温度计的设计

一、实验目的

在本实验中，选用典雅型集成温度传感器 LM315，该传感器的灵敏度为 10mV/K，输出电压正比于热力学温度。本例采用一个"液罐"控件来模拟传感器的输出，并设定被测量介质温度范围为 0～100℃，通过调节液罐中液体的多少来模拟传感器输出。

二、实验原理

利用虚拟仪器技术开发和设计的温度测量系统（虚拟温度计），以普通 PC 为主机，以图形化可视测试软件 LabVIEW 为软件开发平台，监测温度变化情况，采集数据并进行处理、存储、显示等。虚拟温度计设备成本低，使用方便灵活，适用于工农业生产和教学。虚拟温度计是利用虚拟仪器技术改造传统的测温仪，其具有更强大的功能。仪器系统通过前端感温装置的传感元件，将被测对象的温度转换为电压或电流等模拟信号，经信号调理电路进行功率放大、滤波等处理后，变换为可被数据采集卡采集的标准电压信号。

虚拟温度计面板如图 4-42 所示，虚拟的温度传感器可以在摄氏温标和华氏温标之间切换，换算公式为 $F=(C\times 9/5)+32$，式中，F 为华氏温度，C 为摄氏温度。

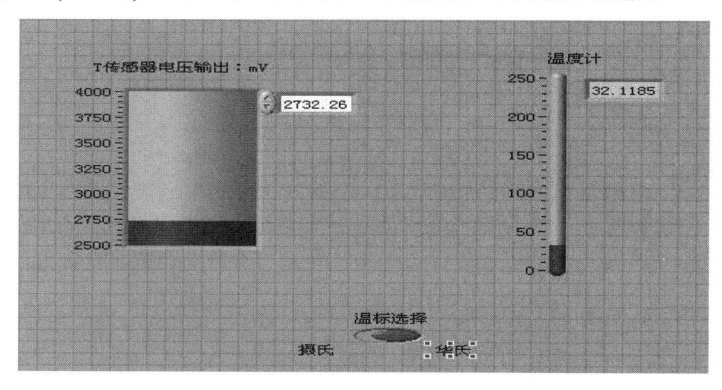

图 4-42 虚拟温度计面板

三、实验内容

1. 前面板设计

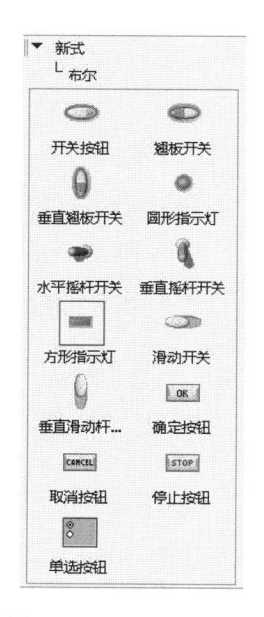

图 4-43 【新式】选项板

（1）执行【开始】→【程序】→【National Instrument LabVIEW8.5】操作命令，启动 LabVIEW，打开启动界面。

（2）执行【文件】→【新建】→【VI】菜单命令，创建一个 VI。

（3）系统自动打开前面板窗口和程序框图设计窗口，切换到前面板设计窗口。

（4）执行【查看】→【控件】菜单命令或右击，打开【控件】选项板。

（5）执行【新式】→【布尔】菜单命令，打开【新式】选项板，如图 4-43 所示。

（6）单击【滑动开关】按钮，此时变为手形光标，将光标移到前面板设计区，在适当的位置单击，此时可以看到前面板上放置了一个布尔型水平开关按钮，如图 4-44 所示。

（7）移动光标到文本标签【布尔】上，双击，此时标签被选中，并且文本被高亮显示，此时可以对文本内容进行编辑，修改为【温标选择】，移动光标到工具选项板 A 按钮上，单击选中该按钮。移动光标到前面板水平开关按钮的【假】位置，单击即可对文本进行编辑，编辑该文本的字符串为"摄氏"，用相同的方法，在水平开关按钮的【真】位置放置文本字符串并编辑为"华氏"，修改后的水平开关按钮如图 4-45 所示。

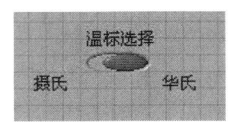

图 4-44　放置的布尔型水平开关按钮　　　图 4-45　修改后的水平开关按钮

（8）在【控件】选项板中，选择【新式】选项板下【数值】子选项板中的【液罐】控件，放置到前面板上，如图 4-46 所示。

（9）移动光标到【液罐】标签上，双击选中标签并修改为"传感器电压输出：mV"。用同样的方法修改【液罐】控件的最大标尺为 4000，最小标尺为 2500。移动光标到【液罐】标签上，右击，执行【显示项】→【数值显示】菜单命令，允许数字显示油罐中液体的多少，右击转换为输入控件。修改后的【液罐】控件如图 4-47 所示。

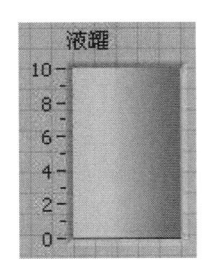

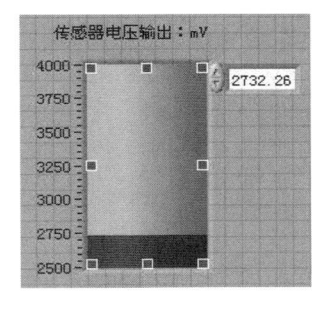

图 4-46　放置的【液罐】控件　　　图 4-47　修改后的【液罐】控件

（10）执行【控件】→【新式】→【数值】菜单命令，在【数值】选项板中选择【温度计】控件，放置到前面板上，修改温度计的最大标尺为 250，与【液罐】控件修改方式类似，允许温度计的数字显示，修改后的【温度计】控件如图 4-48 所示。

（11）适当调整空间的布局，完成前面板的设计，如图 4-49 所示。

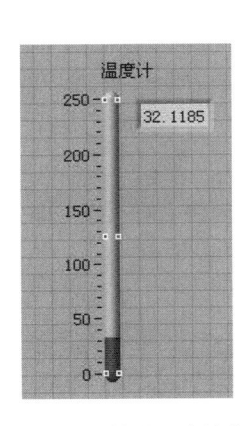

图 4-48　修改后的【温度计】控件　　　图 4-49　前面板的设计

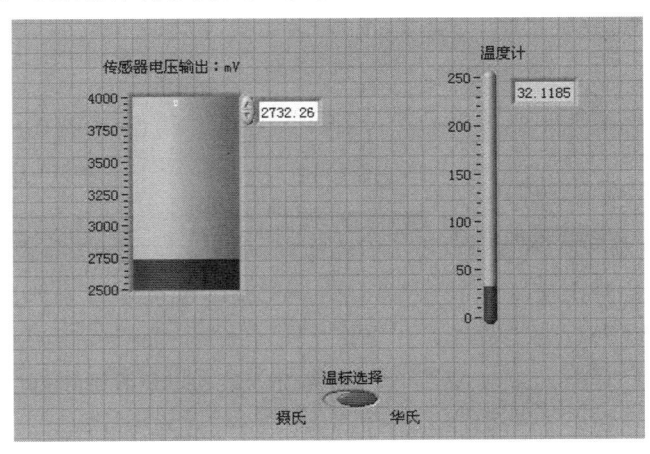

159

设计完前面板后，执行【窗口】→【显示程序框图】菜单命令，或用快捷键【Ctrl】+【E】切换到程序框图设计窗口下，如图4-49所示。可以看到在程序框图设计区自动生成了与前面板上放置的控件相对应的节点对象。

2．程序框图的设计

（1）在程序框图设计窗口下，执行【查看】→【函数】菜单命令，选择【函数】→【编程】→【数值】选项板，选择数值常量控件，放置到程序框图设计区。

（2）因为传感器的灵敏度为10mV/K，所以传感器的输出与摄氏温标之间存在关系式：$T=S/10-73.16$，式中，S 为传感器输出，单位为 mV；T 为待测温度，单位为℃。修改数值常量为10。

（3）用相同的方法，在【数值】子选项板中选择函数【除】节点对象、【减】节点对象，将数值常量273.16放置到程序框图设计区适当的位置。

（4）单击【工具】选项板上的按钮，进入连线状态，按图4-50进行连线。

（5）选择【函数】→【编程】→【结构】选项板，在节点对象中选择【条件结构】节点，拖动光标形成适当大小的方框后释放，如图4-51所示。

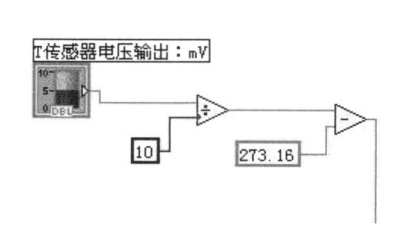

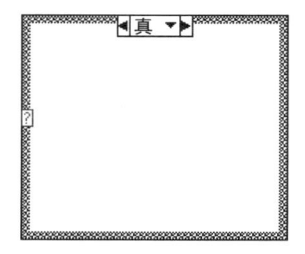

图4-50　除法函数和减法函数的连接　　　图4-51　【条件结构】节点的放置

（6）根据前面板上对水平开关控件的设置可知，当开关为"关"时，即开关输出为逻辑"False"时，温标选择为"摄氏"温标；反之，开关为"开"时，即开关输出为逻辑"True"时，温标选择为"华氏"温标。首先设计条件为"真"时条件结构的通道。在条件"真"通道下，要在图4-51所示的条件结构内实现：$F=(C\times 9/5)+32$，式中，F 为华氏温度，C 为摄氏温度，摄氏温度为输入量。按照图4-52进行程序框图的设计和连线。

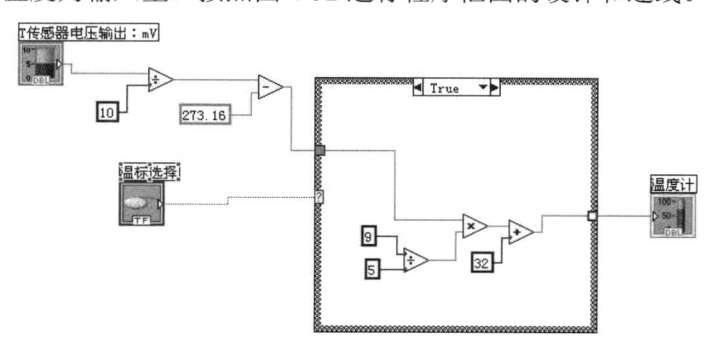

图4-52　条件"真"通道的设计

（7）条件"真"通道设计完成后，接下来单击条件结构转换按钮，转换到条件"假"通道。

（8）由于在条件"假"时，减法函数输出为摄氏温度，因此在条件节点后的条件"假"通道下，按图4-53进行连线，即可完成对虚拟温度计的程序框图设计。

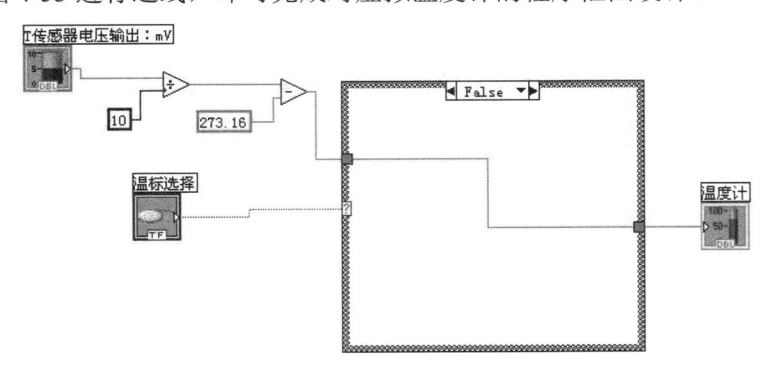

图4-53　条件"假"通道的设计

（9）切换到前面板设计窗口，单击工具栏上的连续运行程序按钮，开始调试程序。通过调整液罐内液体的体积，模拟传感器输出电压的高低，同时拨动水平开关按钮，改变温度计的温标选择，对设计的虚拟温度计进行测试。测试过程如图4-54所示。

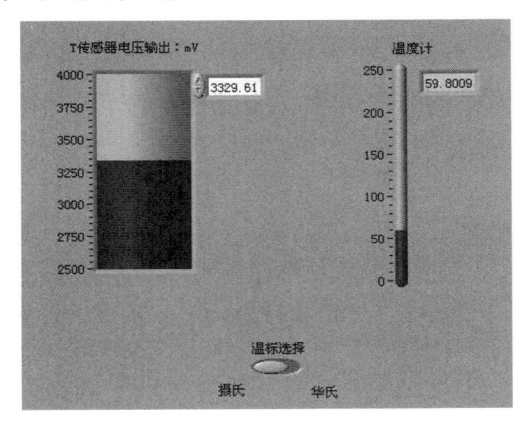

（a）摄氏温度的显示测试

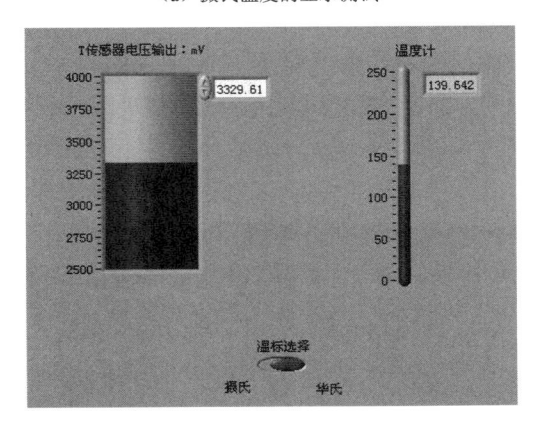

（b）华氏温度的显示测试

图4-54　虚拟温度计的测试过程

（10）单击工具栏中的结束按钮 ◉，结束调试。

对设计中存在的问题进行修改，修改测试无误后，执行【文件】→【保存】菜单命令，保存 VI。

四、实验报告要求

（1）写出实验目的。

（2）写出实验原理。

（3）写出电压与温度的关系，记录实验数据。

（4）写出实验收获。

参考文献

[1] 董红生，常晓凤，林娟，等. 应用型工科院校"自动控制原理"课程思政教学实践探索[J]. 兰州工业学院学报，2024，31（01）：144-147.

[2] 魏延岭，黄学良. 混合教学模式下"自动控制原理"课程教学设计及思政育人路径探索[J]. 机械制造与自动化，2024，53（01）：61-65.

[3] 窦颖艳. 基于 OBE 和 CDIO 的自动控制原理教学改革研究[J]. 造纸装备及材料，2024，53（01）：190-192.

[4] 李庆华，杨瑞田，王升旭. 工程教育专业认证下应用型本科教学改革探讨：以"自动控制原理"课程为例[J]. 科教导刊，2023，（36）：96-99.

[5] 李政清.《自动控制原理》课程考核改革[J]. 山西青年，2023（22）：36-38.

[6] 王划一，杨西侠. 自动控制原理[M]. 北京：国防工业出版社，2017.

[7] 孙优贤. 自动控制原理学习辅导[M]. 北京：化学工业出版社，2017.

[8] 孙炳达. 自动控制原理[M]. 北京：机械工业出版社，2016.

[9] 胥布工. 自动控制原理[M]. 北京：电子工业出版社，2016.

[10] 胡寿松. 自动控制原理[M]. 北京：科学出版社，2013.

[11] 卢京潮. 自动控制原理习题解答[M]. 北京：清华大学出版社，2013.

[12] 黄坚. 自动控制原理及其应用[M]. 北京：高等教育出版社，2009.

[13] 卢京潮. 自动控制原理[M]. 西安：西北工业大学出版社，2009.

[14] 胡寿松. 自动控制原理简明教程[M]. 北京：科学出版社，2008.

[15] 张德丰，等. MATLAB 自动控制系统设计[M]. 北京：机械工业出版社，2010.

[16] 黄忠霖. 控制系统 MATLAB 计算及仿真[M]. 北京：国防工业出版社，2001.

[17] 卜云峰. 检测技术[M]. 北京：机械工业出版社，2005.

[18] 武昌俊. 自动检测技术及应用[M]. 北京：机械工业出版社，2005.

[19] 康宜华. 工程测试技术[M]. 北京：机械工业出版社，2005.

[20] 张洪润，张亚凡. 传感技术与应用教程[M]. 北京：清华大学出版社，2005.

[21] 张惠荣. 热工仪表及其维护[M]. 北京：冶金工业出版社，2005.

[22] 赵庆海. 测试技术与工程应用[M]. 北京：化学工业出版社，2005.

[23] 牟爱霞. 工业检测与转换技术[M]. 北京：化学工业出版社，2005.

[24] 李晓莹. 传感器与测试技术[M]. 北京：高等教育出版社，2004.

[25] 费业泰. 误差理论与数据处理[M]. 北京：机械工业出版社，2004.

[26] 刘迎春，叶湘滨. 传感器原理设计与应用[M]. 长沙：国防科技大学出版社，2004.

[27] 梁国伟,蔡武昌. 流量测量技术及仪表[M]. 北京:机械工业出版社,2002.

[28] 李江全,任玲,廖结安,等. LabVIEW 虚拟仪器从入门到测控应用 130 例[M]. 北京:电子工业出版社,2013.

[29] 郑对元. 精通 LabVIEW 虚拟仪器程序设计[M]. 北京:清华大学出版社,2012.

反侵权盗版声明

　　电子工业出版社依法对本作品享有专有出版权。任何未经权利人书面许可，复制、销售或通过信息网络传播本作品的行为，歪曲、篡改、剽窃本作品的行为，均违反《中华人民共和国著作权法》，其行为人应承担相应的民事责任和行政责任，构成犯罪的，将被依法追究刑事责任。

　　为了维护市场秩序，保护权利人的合法权益，我社将依法查处和打击侵权盗版的单位和个人。欢迎社会各界人士积极举报侵权盗版行为，本社将奖励举报有功人员，并保证举报人的信息不被泄露。

举报电话：（010）88254396；（010）88258888
传　　真：（010）88254397
E-mail：　dbqq@phei.com.cn
通信地址：北京市海淀区万寿路 173 信箱
　　　　　电子工业出版社总编办公室
邮　　编：100036